Scratch CS+Arduino 经典教程
从入门到精通

赵文栋　马志洪　主编

清华大学出版社

北　京

内 容 简 介

本书是作者结合长期的课程教学和实践经验编写而成的。在编写过程中,注重降低理论难度,增加实践环节,采用以案例带动理论教学的创新写作模式,用开发案例贯穿全书。

读者可以没有编程基础,也可以不会使用键盘,构成程序的命令和参数通过积木形状模块来实现,用鼠标拖动模块到脚本区即可。Scratch CS 又充分结合 Arduino 功能增加了丰富的硬件积木编程模块(例如获取环境温度、房间光强,控制灯光闪烁、电机旋转、机器人动作等),读者可以简单地通过这些模块开发出更具创意趣味和实用价值的系统,尽情发挥自己的创意。本书期望帮助读者更灵活地掌握和使用 Scratch 技术制作出完全属于自己的个性化作品。

本书案例在编排时适当体现了梯度和层次,有一个循序渐进的过程,便于学生逐步掌握测控板各种传感器的用法。

图书在版编目(CIP)数据

Scratch CS+Arduino 经典教程从入门到精通/赵文栋,马志洪主编. —北京:清华大学出版社,2019
(2019.8 重印)
ISBN 978-7-302-51751-1

Ⅰ. ①S… Ⅱ. ①赵… ②马… Ⅲ. ①程序设计 Ⅳ. ①TP311.1

中国版本图书馆 CIP 数据核字(2018)第 271431 号

责任编辑:章忆文   杨作梅
装帧设计:刘孝琼
责任校对:吴春华
责任印制:沈 露
出版发行:清华大学出版社
　　　　网　　　址:http://www.tup.com.cn, http://www.wqbook.com
　　　　地　　　址:北京清华大学学研大厦 A 座　　　邮　　编:100084
　　　　社　总　机:010-62770175　　　　　　　　　邮　　购:010-62786544
　　　　投稿与读者服务:010-62776969, c-service@tup.tsinghua.edu.cn
　　　　质量反馈:010-62772015, zhiliang@tup.tsinghua.edu.cn
印　刷　者:北京鑫丰华彩印有限公司
装　订　者:三河市溧源装订厂
经　　　销:全国新华书店
开　　　本:185mm×260mm　　印　张:13.75　　字　数:334 千字
版　　　次:2019 年 1 月第 1 版　　　　　　印　次:2019 年 8 月第 2 次印刷
定　　　价:43.00 元

产品编号:079818-01

前　言

Scratch 由美国麻省理工学院 Mitchel Resnich 博士和他的终身幼儿园研究组共同完成。当前，Scratch 受到世界各地教育者、爱好者的关注和热爱，适用于 8 岁以上儿童，在《小学信息技术》教材中有专门的学习内容，属于教师需要教孩子们学习的内容。Scratch CS 可以用来创造互动式故事、动画、游戏、音乐和艺术。在使用 Scratch 进行创作的过程中，学生可以具备逻辑分析、创意思考、流程控制、问题解决、合作学习的能力。Scratch CS 能与硬件进行交互，可以将晦涩难懂的程序编码转化成可爱的图形及卡通形象，尤其有利于青少年的编程学习和创新。

Scratch CS 这款软件的特点是使用图形化的程序积木进行"堆砌"与"镶嵌"，让读者可以发挥创意来设计互动式故事、动画或小游戏，并可以上传到网络与他人分享。

Arduino 是一个基于开放源码的软硬件平台，并且具有简单、易理解的开发语言和开发环境，可以快速做出有趣的东西，是一个能够用来感应和控制现实物理世界的一套工具。Arduino 可以用来开发交互产品，比如可以读取大量的开关和传感器信号，并且可以控制各式各样的电灯、电机和其他物理设备。Arduino 项目可以是单独的，也可以与电脑的动画进行同步运行。

从应用类型的角度，本书分为互动游戏、数字故事和创新应用三大类。本书的主要目的是在详细介绍 Scratch CS(Scratch 增强版)软件和 Arduino 智能硬件所有功能的基础上，通过案例式教学的方式使学生了解如何设计和完成相应的功能。

本书共 18 章，具体内容如下。

第 1 章　Scratch CS 与喵星机器人套装，介绍了喵星机器人套装的特性。

第 2 章　夜空中的飞行指示灯，学习 LED 模块的引脚连接方式，以及如何通过计算机编程来控制 LED 灯模块的亮与灭。

第 3 章　可爱的萤火虫，学习控制 LED 灯由灭的状态慢慢变亮，然后由亮的状态慢慢变暗的过程。

第 4 章　动画中的幸运大转盘，学习通过红色按钮与绿色按钮控制幸运大转盘的转与停。

第 5 章　智能家居灯光控制系统，学习智能家居中夜幕降临时灯光自动打开、窗帘自动关闭，天亮了窗帘自动开启的功能。

第 6 章　大风车转转转，学习通过红色按钮与绿色按钮控制幸运大转盘的转与停。

第 7 章　泡泡满天飞，学习通过计算机动画来设计吹泡泡游戏。

第 8 章　神奇的电子乐器，学习通过计算机键盘、水果或者橡皮泥来设计制作一个不一样的钢琴乐器。

第 9 章　家居中的智能风扇，学习通过旋钮模块来控制高速风扇模块的转动速度。

第 10 章　"超级玛丽"游戏，通过这个案例来学习按键检测命令，实现控制角色进行左右移动、向上跳跃等操作。

第 11 章　梦幻泡泡机，学习舵机和高速风扇模块的使用方法。通过编写程序实现当泡泡杆向上移动时，高速风扇自动转动；当泡泡杆下移时，高速风扇停止转动。

第 12 章　幸运大转盘，学习掌握 360°舵机的控制方式，了解如何通过计算机编程来控制 360°舵机的正转与反转，并且掌握如何控制 360°舵机的速度。

第 13 章　红外遥控器下的智慧，学习用红外遥控器控制风扇的转与停并且控制孙悟空进行 72 变。当按下红外遥控器的红色按钮时，风扇开始转动；当按下绿色按钮时，风扇停止转动。

第 14 章　智能车库，学习实现当车位没有车时，显示绿灯，提示该地方有车位，而有车辆存在时显示红灯，并且还会有停车预警装置，提示停车时要停靠在适当的位置。

第 15 章　奔跑吧！机器人，学习如何通过计算机编程控制机器人实现不同的运动，通过实现机器人前进 2s、后退 2s 的功能，了解电机控制模块的使用原理和使用方法。

第 16 章　避障机器人，学习如何获取超声波模块的值，如何通过红外避障模块实现机器人自动躲避障碍物。

第 17 章　红外遥控灭火机器人，学习如何获取红外遥控器的键值，如何通过编写程序实现红外遥控器控制机器人进行灭火。

第 18 章　导盲机器人，学习如何通过计算机编程检测物体的灰度值，如何通过两个灰度传感器实现机器人的巡线功能。

本书可以作为零编程基础的青少年学习 Scratch CS 与 Arduino 的自学用书，父母用于辅导孩子加强和提升在校所学的 Scratch CS 和 Arduino 等知识的辅导用书，以及 Scratch CS 与 Arduino 智能硬件培训机构的培训教材。

本书由龚正伟统筹，赵文栋、马志洪主编，编委会成员有秦明凯、郭佳乐、王阳、赵畅、吴俊哲、夏琪、曲博学、边策、高金鹏、王雪梅、冉美玲、刘杰平、白丰一、王建峰、王红伟、徐克彬等。

为方便读者创作，我们将提供本书用到的大部分素材和范例文件包，里面包含每个案例所用的素材和示例作品的源文件。

编　者

目 录

第 1 章　Scratch CS 与喵星机器人套装

本章将先介绍喵星机器人套装，了解套装的硬件组成和软件组成；然后介绍 Scratch CS 软件的功能、下载并安装 Scratch CS 与 Arduino IDE。

本章主要包括以下内容。

◎　认识喵星机器人套装。

◎　喵星机器人硬件组成。

◎　下载并安装 Scratch CS 与 Arduino IDE。

◎　认识图形化编程软件 Scratch CS。

◎　了解喵星机器人套装的特性。

◎　学会 Arduino 程序的离线下载。

1.1　认识喵星机器人套装

喵星机器人套装由北京亚述教育科技有限公司(亚述教育)设计，由 Arduino 主控板、电子模块和创意搭建模块组成。通过喵星机器人套装，每一个人都可以进行各种各样的创意制作，比如高楼灯塔指示灯、幸运大转盘、神奇的电子乐器、大风车、自动吹泡泡机、家居中的智能风扇，还有好玩的超级玛丽游戏、智能的停车库、自动避障的机器人、红外遥控机器人、循迹机器人等，如图 1-1 所示。

灭火机器人　　避障机器人　　自动吹泡泡机

高塔指示灯　　　　　　　　智能风扇

幸运大转盘　　水果乐器　　智能车库

图 1-1　喵星机器人套装创意制作

1.2　喵星机器人的硬件组成

喵星机器人由 Arduino 主板与许多以 Arduino 为基础的电子模块组成；而 Scratch CS 软件是图形化的程序设计软件，程序主要控制 Maker 机器人的各种功能。

喵星机器人的硬件包括 Arduino 主板、电机、LED 灯模块、按钮模块、光线传感器模块、声音检测模块、旋钮模块、高速风扇模块、红外遥控器、超声波传感器、红外避障传感器和灰度传感器等，如图 1-2 所示。

Arduino 主控板的组成及连接方式如图 1-3 和图 1-4 所示。

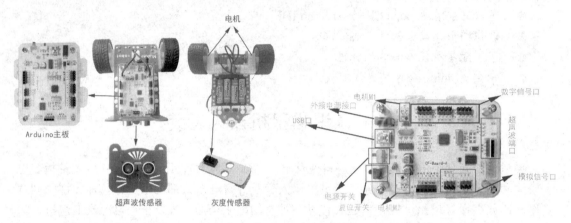

图 1-2　喵星机器人硬件组成　　　　　　　　　图 1-3　Arduino 主控板的组成

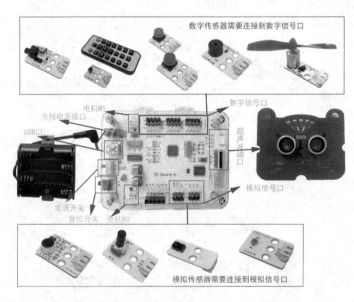

图 1-4　Arduino 主控板与传感器的连接方式

1.3　下载并安装 Scratch CS 与 Arduino IDE

想让喵星机器人运行，首先需安装 Scratch CS 软件与 Arduino 驱动程序、进行固件上传。下面介绍下载并安装相关程序的过程。

1.3.1　下载安装 Scratch CS 软件

(1)　打开浏览器，在浏览器中输入 http://www.yashujiaoyu.com/col.jsp?id=138。

(2)　此时浏览器打开下载页面，在弹出的下载页面中单击"下载"链接，如图 1-5 所示。

图 1-5　软件下载窗口

(3)　下载完成后运行程序(Scratch-CS-v3.1-3.exe)，在弹出的对话框中单击"下一步"按钮，在下一个弹出的对话框中选择安装路径，选择好安装路径后单击"下一步"按钮(注意：安装路径不能使用中文)，如图 1-6 所示。

图 1-6　安装向导和安装路径设置对话框

(4)　设置好安装路径后，系统进入"准备安装"界面，在该界面中单击"安装"按钮，系统开始自动安装，如图 1-7 所示。

图 1-7　安装进度对话框

（5）安装完毕后，系统弹出安装完成对话框，在该对话框中单击"完成"按钮，此时系统安装操作完毕，如图1-8所示。

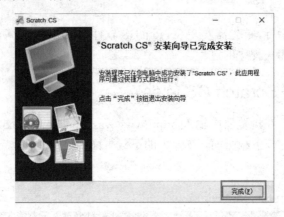

图1-8　安装完成对话框

1.3.2　驱动安装

安装 Arduino 驱动程序以便上传 Arduino 固件程序到 Arduino 主控板，或在 Arduino IDE 环境中编辑程序。

（1）进入 Scratch CS 工作界面，单击"连接"菜单，在展开的下拉菜单中选择"驱动安装"命令，如图1-9所示。

（2）选择"驱动安装"命令后，弹出"驱动安装/卸载"对话框，在该对话框中单击"安装"按钮，系统则自动进行安装，安装完毕后，在弹出的"驱动预安装成功"对话框中单击"确定"按钮即可，如图1-10所示。

图1-9　选择"驱动安装"命令

图1-10　"驱动安装"对话框

注意：在安装过程中，如果出现安全软件提示安装警告，只需要单击"允许安装"确认即可。

1.3.3　安装并认识 Arduino IDE

安装完 Scratch CS 之后，如果想看源程序还需要安装 Arduino IDE。我们可以访问

Arduino 的下载地址(http://www.yashujiaoyu.com/col.jsp?id=138/)，下载 Arduino IDE 软件。该软件有安装版本与免安装版本，这里我们推荐免安装的教育版本，该软件下载之后，无须安装，解压后即可使用，如图 1-11 所示。

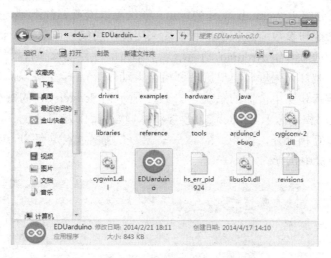

图 1-11　解压后的 Arduino IDE 文件列表

　　Arduino IDE 的环境不仅有文本式的编程环境(见图 1-12)，还有图形化积木式的编程环境 ArduBlock(见图 1-13)。

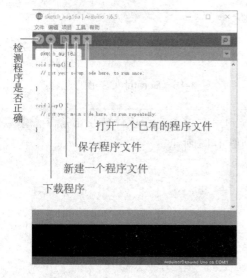

图 1-12　Arduino IDE 开发环境

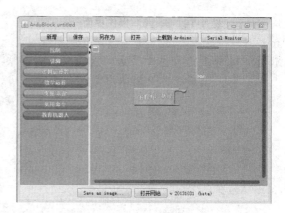

图 1-13　ArduBlock 开发环境

1.4　喵星机器人的运行软件

1.4.1　图形化编程软件 Scratch CS

　　Scratch 是由麻省理工学院(MIT)设计开发的一款简易的编程工具。针对孩子们的认知水平，以及对于界面的喜好，MIT 做了相当深入的研究和颇具针对性的设计开发。不仅易于孩子们使用，又能寓教于乐地培养孩子们的创新能力，让孩子们获得创作中的乐趣。图 1-14 所示为 Scratch 的操作界面。

Scratch CS 充分继承 Scratch 软件的优点：学生可以没有编程基础，也可以不会使用键盘。构成程序的命令和参数通过积木形状模块来实现，用鼠标拖动模块到脚本区即可。

Scratch CS 又充分结合 Arduino 功能增加了丰富的硬件积木编程模块(例如获取环境温度、房间光强，控制灯光闪烁、电机旋转、机器人动作等)，学生可以简单地通过这些模块开发出更具创意趣味和实用价值的系统。图 1-15 所示为 Scratch CS 的操作界面。

Scratch CS 程序积木源于 Scratch 2.0 程序积木，软件操作方式、积木功能皆与 Scratch 2.0 相同且兼容，可以互相打开，仅 Arduino模块 、 Arduino机器人 类别积木限定在 Scratch CS 中才能打开并在 Arduino 主控板中执行。

图 1-14　Scratch 操作界面　　　　　　　图 1-15　Scratch CS 图形化程序

提示：软件第一次打开显示的是英文，需要切换到中文模式，在软件的左上角单击球形图标，然后选择"简体中文"命令即可，如图 1-16 所示。

图 1-16　更改软件语言设置

1.4.2　Scratch CS 程序界面

Scratch CS 程序界面主要分成舞台、角色、积木、程序区四大区域，另外有菜单、编辑角色按钮，如图 1-17 所示。

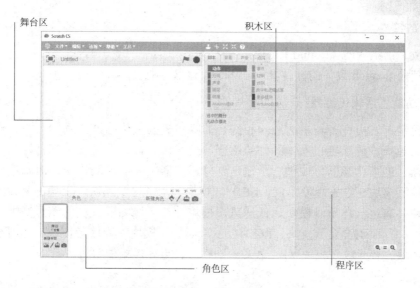

图 1-17　Scratch CS 程序界面

1.4.3　喵星机器人套装的特性

1. 操作简单易学习

针对初学者设计的主控板、电子件模块及结构模块，简单快捷的安装方式，组装容易又能激发科学、技术、工程与数学(STEAM：Science、Technology、Engineering、Art、Mathematics)在生活中的无限创造力。

2. 图形化编程设计简单有趣

具有源自 Scratch 2.0 的 Scratch CS 图形化程序设计界面和以 Arduino IDE 为基础的文字程序设计界面，如图 1-18 所示。Scratch CS 继承了 Scratch 软件的优点，使用者通过鼠标拖动设置好的积木模块即可完成程序的设计。Scratch CS 软件还结合了丰富的硬件积木编程模块，使用者可以简单地通过这些模块开发出更具创意和实用价值的作品。

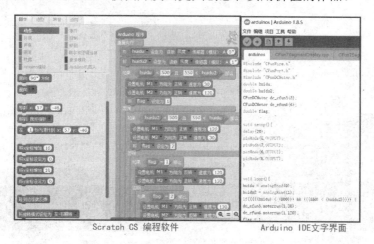

Scratch CS 编程软件　　　　　Arduino IDE文字界面

图 1-18　图形编程与文本编程对应示意

3. 开放性

主控板采用主流的 Arduino 控制器，能够兼容市面上的电子器件。Scratch CS 软件兼容 Scratch，使用 Scratch 设计的软件能够在 Scratch CS 中打开。

4. 多功能生活化传感器

目前已经开发出许多与生活经验相结合的喵星机器人传感器，例如：声音传感器、温度传感器、超声波传感器、人体红外传感器、巡线传感器、温湿度传感器、气体传感器、火焰传感器、触摸传感器、按键、旋钮、红外遥控器、光线检测模块、滑杆模块、摇杆模块、倾斜检测模块、红外避障模块、LED 灯模块、水位检测模块、土壤湿度检测模块、雨滴检测模块、有害气体检测模块、低速风扇模块、有源蜂鸣器模块、无源蜂鸣器模块、七彩灯模块、串行数码管显示模块、LCD1602 液晶显示模块、录放音模块、无线通信模块、激光发射模块、蓝牙收发模块/对、语音识别模块、点阵屏模块等。

1.5　Arduino 程序离线下载到硬件中

Scratch CS 支持将程序编译成 Arduino 代码下载到硬件，实现硬件的脱机运行，具体操作步骤如下。

（1）进行编程，程序必须以 ▨▨ 开始，完成后右击▨▨，弹出如图 1-19 所示的快捷菜单。

（2）选择第一个选项"上传到 arduino"，即可进行编译下载，会依次显示"编译中……""上传中……"，直至显示"上传成功"表示完成离线下载。

（3）如果选择第二个选项"arduino 代码"，即显示如图 1-20 所示的代码界面(需要提前安装 Arduino IDE 软件)。

图 1-19　Arduino 程序的快捷菜单　　　　图 1-20　代码界面

通过 Arduino IDE，可以进行 Arduino 代码调试，适用于有基础的人进行调试学习，这里生成的代码与 Scratch CS 中的图形代码是一一对应的。 单击 按钮，也可以进行程序下载(注意需要提前断掉 Scratch CS 中的串口连接，同一串口只能有一款软件进行使用)，下载完成后下方会提示下载成功。

第2章 夜空中的飞行指示灯

本章介绍如何通过电脑键盘来控制 LED 灯的亮与灭，学习 LED 灯模块的控制方法，了解导线的使用方法，通过创意搭建套装搭建属于自己的大厦，点亮属于自己的灯塔指示灯。

本章主要包括以下内容。

◎ 学习 LED 灯控制模块。
◎ 了解 Scratch CS 设计流程与指令积木的操作。
◎ 学习 Arduino 控制器的数字引脚的使用方法。
◎ 能够实现电脑按键控制 LED 不同状态的变化。

情景故事

在夜晚，我们经常会看到高层建筑的顶端有一颗闪烁的灯，它们一般出现在高层建筑物的最高部和最边缘，如图 2-1 所示。你知道它有什么作用吗？为什么有的建筑物上有，有的建筑物上没有？

图 2-1 高楼顶端闪烁的灯

知识技能

LED 灯的几种控制方式。

◎ 长亮：通过触按键盘上的 A 键使 LED 灯点亮并保持。
◎ 关闭：通过触按键盘上的 B 键使点亮的 LED 灯关闭。
◎ 闪烁：通过触按键盘上的 C 键使 LED 灯进入闪烁状态。

软件模块

模　块	分　类	解　析
设置 LED灯 2 为 开	Arduino 模块	输出数字信号，参数可设置高/低，模块支持离线下载
等待 1 秒	"控制"模块	暂停当前程序，时间可设置
重复执行	"控制"模块	重复执行该模块内的程序

续表

模　块	分　类	解　析
	"控制"模块	该模块是条件判断模块，如果满足条件，那么执行被包住的程序
按键 空格键 是否按下？	"侦测"模块	判断空格键是否被按下

2.1　知　识　准　备

为保障实践制作的顺利进行，我们首先需要准备即将使用的相关硬件，了解并提前准备是顺利使用硬件的保证；对使用的软件命令模块功能进行学习，是保证软件编程无障碍的前提。

2.1.1　认识硬件

在本章的学习中，我们将使用的硬件主要有 Arduino 主板模块、LED 模块、导线、USB 数据线等。在本书选配的学习套包中拿出这些模块一起认识一下吧！图 2-2 所示为即将使用的硬件实景照片。

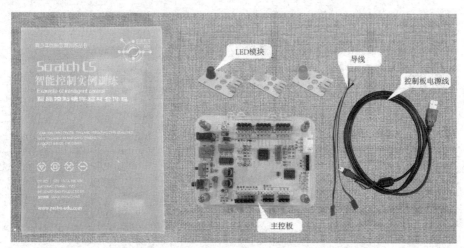

图 2-2　即将使用的硬件

LED(Light Emitting Diode，发光二极管)是一种能够将电能转化为可见光的固态半导体器件，颜色有白、绿、红等。LED 模块主要由发光体、集成电路板和插槽三部分组成，如图 2-3 所示。

LED 模块的插槽部分有三个插针，这三个针孔的功能各不相同，分别代表信号(SIG)、正极(VCC)、地线(GND)，如图 2-4 所示。

插槽端口上的"信号"针主要用于数据输入；"正极"针用来接入电源正极；"地线"针用来接入电源负极。硬件中的导线分白、红、黑三色，分别与"信号""正极""地线"相对应，如图 2-5 所示。

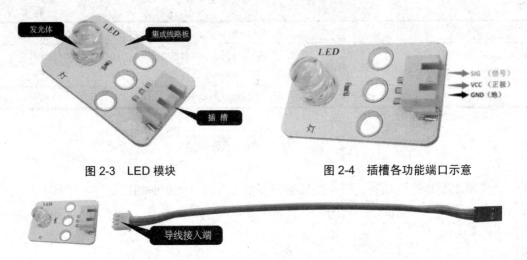

图 2-3　LED 模块　　　　　　　　图 2-4　插槽各功能端口示意

图 2-5　导线

　　主控板是程序接收和运行的主要模块，它主要由数字信号接口、超声波接口、IIC 通信接口、模拟信号口、数码管/多彩灯接口、蓝牙接口、电机接口、复位键、电源开关、miniUSB口、外接电源口等部分组成，采用集成电路的形式进行封装，如图 2-6 所示。

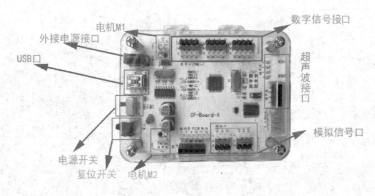

图 2-6　主控板模块

> **注意：** 主控板是所有硬件的核心部分，本书所有的实例在实物执行时均要用到它，大家一定要注意保护好它哦。

2.1.2　软件功能模块学习

　　在桌面上双击 🐱 图标，开启 Scratch CS 软件。本章涉及的主要命令功能模块如下。
◎　LED 模块的开关功能 设置 LED灯 2 为 开 。
◎　时间的等待控制 等待 1 秒 。
◎　重复执行 重复执行 。
◎　逻辑条件设置 如果...那么 。
◎　外部侦测 按键 空格键 是否按下? 。
在 Scratch CS 工作界面的"脚本"选项卡内的 Arduino 选项中，可以找到设置 LED 开关的命令模块，该命令模块由三部分组成，分别是功能指示选项、参数设置文本框和开关选项，如图 2-7 所示。

在功能指示选项中，使用鼠标单击"LED 灯"右侧的倒三角形，展开下拉列表，可以看到这个功能模块不但可以控制 LED 灯的开关，而且还可以控制蜂鸣器、激光头、风扇等开关；在参数设置文本框中，可以随意输入数字文本；单击开关选项，展开选项列表，使用者可选择设定开或者关。图 2-8 所示为展开的选项图。

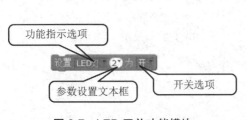

图 2-7　LED 开关功能模块　　　　图 2-8　LED 命令模块的选项

注意：LED 命令模块中的"参数设置文本框"中的参数不是随意设定的。该参数的取值范围为 2～13 的整数，这些数字分别对应着主控制板上数据引脚的编号。

在 Scratch CS 工作界面的"脚本"标签内的"控制"选项中，我们可以找到设置等待参数、重复执行和逻辑条件设置命令模块。在时间等待控制命令模块的文本框中输入数字，即可控制等待时间，如图 2-9 左侧图所示，此时系统执行等待 1.5 秒的命令；重复执行命令模块的内部是用来放入需要重复执行的命令模块的，把需要重复执行的命令模块拖放到其内部，系统就会自动重复运行这些模块，如图 2-9 的中间图所示，在该命令模块中添加了移动 10 步，命令模块执行时将循环执行移动 10 步的命令；在逻辑条件设置命令模块中，上部的菱形是放置条件命令模块的，如图 2-9 右侧图所示，执行的命令是"如果碰到鼠标指针"，那么相应的对象就"向左逆时针旋转 15 度"。

图 2-9　不同控制模块的设置

在 Scratch CS 工作界面的"脚本"选项卡内的"侦测"选项中，我们可以找到外件侦测设置命令模块。在该模块中单击"空格键"文本后的倒三角，可以展开按键选项，这些选项几乎涵盖了键盘上的所有控制键，使用者可根据需要选择相应的按键来完成控制命令。

2.2　创 意 搭 建

现在我们使用创意搭建套包中的搭建模块，一起设计搭建一栋大厦剪影吧。图 2-10 所示为搭建方案示意图。

(a) 参考图   (b) 搭建效果图

图 2-10   大厦搭建方案

2.2.1   搭建前的准备

搭建开始之前先进行材料的准备，准备的材料有 1 个主控板，1 根 3P 导线，1 个 LED 灯，4 节 5 号电池，若干 4050、4060、4070 铆钉，1 个电池盒，1 个铆钉起及各种类型的拼接板，如图 2-11 所示。

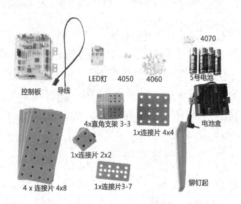

图 2-11   器材准备

2.2.2   搭建步骤图示

1. 创意搭建过程

(1) 取出 3 个"连接片 4×8"、2 个"连接片 2×2"和 8 个"铆钉 4060"，按图 2-12 所示操作进行连接。

图 2-12   连接片连接示意

(2) 取出 1 个"连接片 4×8"、2 个"连接片 2×2"和 8 个"铆钉 4060"，按图 2-13 所示操作进行连接。

(3) 取 1 个"连接片 2×2"、1 个"连接片 4×4"和 1 个"连接片 3-7"，按图 2-14 所示用"铆钉 4060"连接。

图 2-13　铆钉连接示意

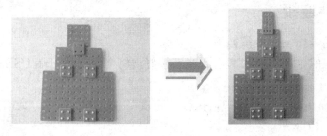

图 2-14　连接片连接示意

2. 控制板与 LED 灯的连接

将导线带有接线槽的一端连接到 LED 灯接口处，用"铆钉 4050"连接，将"控制板"用"铆钉 4060"固定在灯塔上，将导线另一端接到控制板"数字口 2"上，将 4 个"直角支架 3-3"用"铆钉 4070"连接，安装上电池盒后连接上导线后灯塔就搭建完成了，如图 2-15 所示。

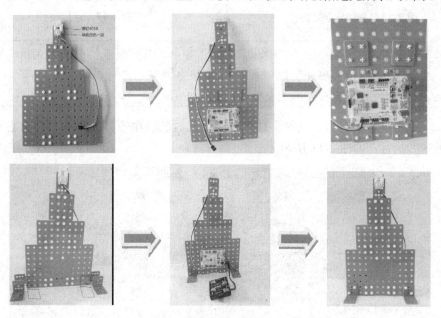

图 2-15　导线和电池盒安装示意

2.3 开启编程之旅

一切准备就绪，现在起航，开始我们的编程之旅吧！

"夜空中的飞行指示灯"作品最终实现的目标是：按电脑上的 A 字母键 LED 灯常亮、按 B 字母键 LED 灯关闭、按 C 字母键 LED 灯闪烁三种状态，从而起到警示作用。要实现这一目的，我们在编程的时候通常需要分三个步骤。

(1) 软硬件连接。

(2) 编写程序。

(3) 连接调试。

2.3.1 软硬件连接

软硬件连接的具体操作步骤如下。

(1) 将准备好的控制主板与其电源线连接好，将电源的另一端 USB 端口连接到电脑的 USB 端口上，如图 2-16 所示。

(2) 在 Scratch CS 工作界面中，执行"连接"→COM2 命令，此时控制主板与软件就相连接了，如图 2-17 所示。

图 2-16　主板与电脑连接

图 2-17　连接硬件

> 注意：默认情况下，"连接"菜单下只有 COM 1 命令，只有当我们的主控制板与电脑连接后才会出现新的 COM *选项，*表示电脑 USB 端口的序号，插入到不同的 USB 端口上，*显示的数字不同，本例中显示的是 COM2。

(3) 再执行"连接"→"固件上传"命令，此时软件中设置的所有程序会自动上传到控制主板中并执行，如图 2-18 所示。

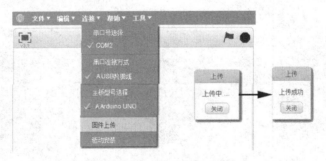

图 2-18　执行"固件上传"命令

（4）将导线与 LED 模块连接好，并将导线的另一端与控制主板上的编号为 2 的引脚连接，如图 2-19 所示，完成硬件的链接。

正确连接方式　　　　　　　　　　　　错误连接方式

图 2-19　连接方式示意

注意： 与控制主板连接的时候，千万不要连错，导线白色在左侧，黑色在右侧。图 2-19 中的左侧图为正确的连接方式，右侧图为错误的连接方式。

2.3.2　编写程序

接下来进行程序的编写，在该部分操作中，我们首先需要实现 LED 灯亮，然后再实现 LED 灯的闪烁，最后设置通过键盘上的 A 和 B 键控制 LED 灯的开关。

1．点亮 LED 灯

（1）进入 Scratch CS 工作界面，单击"脚本"选项卡下的"事件"选项，在出现的选项中将带有小绿旗标志的命令模块拖曳到脚本区，如图 2-20 所示。

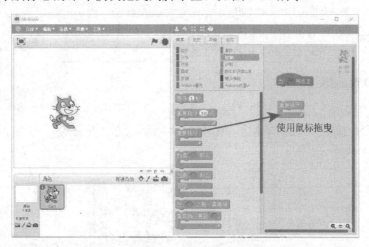

图 2-20　使用鼠标拖曳"事件"选项中的命令模块

（2）单击"脚本"选项卡下的"控制"选项，在出现的选项中将"重复执行"命令模块拖曳到脚本区，如图 2-21 所示。

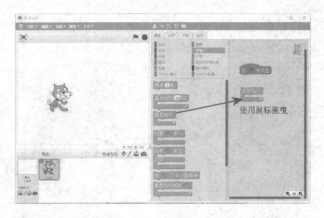

图 2-21　使用鼠标拖曳"控制"选项内的命令模块

（3）在"Arduino 模块"选项中将 命令模块拖曳到脚本区，将其文本框中的参数设置成 2，开关模式设置为"开"。在 Scratch CS 工作界面的"脚本区"使用鼠标将"重复执行"命令模块拖曳到小绿旗模块下与其连接，再拖曳"设置 LED 为开"模块拖曳到"重复执行"命令模块中部，如图 2-22 所示。

图 2-22　设置命令模块

（4）在 Scratch CS 工作界面的"舞台区"右上角单击小绿旗图标，此时编写的程序在控制主板中运行了，与控制主板连接的 LED 模块的发光体亮起来了，如图 2-23 所示。

> **注意**：不难看出，此时的 LED 模块的发光体是一直亮着的。再次单击 Scratch CS 工作界面"舞台区"右上角的小绿旗图标，关闭程序的执行，此时 LED 模块的灯关闭。

2. 使 LED 灯闪烁

（1）单击"脚本"选项卡下的"控制"选项，在出现的选项中将"等待秒"命令模块拖曳到脚本区，如图 2-24 所示放置，并将等待时间设置成 1 秒。

图 2-23　点亮 LED

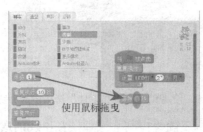

图 2-24　设置等待时间命令模块

(2)　单击"脚本"选项卡下的"Arduino 模块"选项，将命令模块拖曳到脚本区，将其文本框中的参数设置成 2，开关模式设置为"关"，如图 2-25 所示放置。

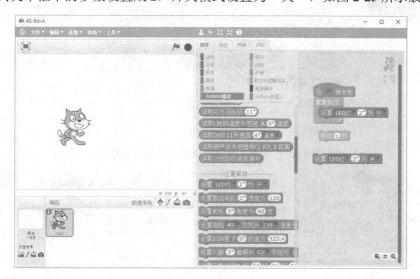

图 2-25　参数设置

(3)　单击"脚本"选项卡下的"控制"选项，在出现的选项中将"等待秒"命令模块拖曳到脚本区，将等待时间设置成 1 秒，如图 2-26 所示放置。

> **注意：** 从图 2-25 的程序编辑的逻辑关系，我们可以判断，当程序执行时，首先执行 LED 灯亮起，持续点亮 1 秒后关闭，然后 LED 灯关闭，持续关闭 1 秒后亮起，循环执行，从而实现 LED 灯不断亮灭的效果。

图 2-26　程序的逻辑关系

(4)　在 Scratch CS 工作界面的"舞台区"右上角单击小绿旗图标，此时控制主板连接的 LED 模块的发光体开始闪烁起来。

3. 按键控制 LED 灯的开关

如何实现通过按键盘上的 A 键点亮 LED 灯，按键盘上的 B 键关闭 LED 灯呢？具体操作步骤如下。

(1)　单击"脚本"选项卡下的"侦测"选项，在出现的选项中将"按键空格键是否按下"命令模块拖曳到脚本区，如图 2-27 所示。

(2)　将光标放置到命令模块上右击，在弹出的快捷菜单中选择"复制"命令，再将光标移到脚本区复制区域单击鼠标左键，此时当前命令模块被复制了，如图 2-28 所示。

(3)　单击命令模块中"空格键"文本右侧的倒三角，分别将"空格键"修改成 a 和 b 键，如图 2-29 所示。

(4)　单击"脚本"选项卡下的"控制"选项，在出现的选项中将"如果……那么"命令模块拖曳到脚本区，并复制一个，如图 2-30 所示。

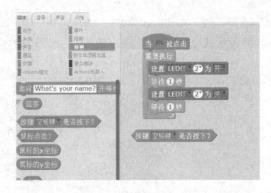

图 2-27　拖曳"按键空格键是否按下"模块

图 2-28　复制命令

(5) 将按键检测模块拖曳到"如果……那么"模块的红色标记 内，如图 2-31 所示。

图 2-29　按键设置　　图 2-30　插入"如果……那么"　图 2-31　按键控制 LED 开与关
　　　　　　　　　　　　　命令

2.4　知　识　拓　展

2.4.1　关于飞行指示灯

飞行指示灯也叫航空障碍警示灯，是为了保证飞机的飞行安全而设立的，以免飞行中的飞机撞到高层建筑上，引发事故。航空障碍灯的分类一般是依据高度进行划分，每一种高度的航空障碍灯闪光频率都不尽相同，闪光的颜色也不一样。一般而言，高光强航空障碍灯的闪光颜色为白色闪光，而中光强航空障碍灯的闪光颜色为白色或红色闪光，低光强航空障碍灯的闪光则是以红光为主。

知识：对于我国的高层建筑，国家制定了一个标准，楼层顶部高出其地面 45 米以上的高层建筑必须设置航标灯。为了与一般用途的照明灯有所区别，航标灯不是长亮而是闪亮，闪光频率不低于每分钟 20 次，不高于每分钟 70 次。如图 2-32 为常见的航标灯样式。

图 2-32　常见的航标灯样式

2.4.2　试着改写程序

功能：通过触按键盘上的 C 键使 LED 进入闪烁状态，参考程序如图 2-33 所示。

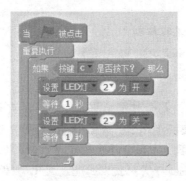

图 2-33　按键控制 LED 灯闪烁

第3章　可爱的萤火虫

本章通过实现控制 LED 灯由灭的状态慢慢变亮，然后由亮的状态慢慢变暗的过程，学习 PWM 波的控制原理，学习 PWM 模块的使用方法，运用程序设计语言的设计流程，设计制作可爱的萤火虫。

本章主要包括以下内容。

◎　学习如何通过灯光亮度控制模块控制 LED 灯的亮度变化。

◎　学习数据模块设置。

◎　理解程序设计语言的流程控制。

◎　能够实现控制角色由小变大、由大变小的功能。

情景故事

萤火虫又名夜光、景天等，是一种小型甲虫，因其尾部能发出荧光，故名为萤火虫。萤火虫体长 0.8 厘米左右，身体扁平细长，头较小，体壁和鞘翅较柔软，末端下方有发光器，可发出荧光，在荧光酶的催化下发光器会产生忽亮忽灭的变化。如图 3-1 所示为花园中的萤火虫照片。那么我们如何用 LED 灯实现萤火虫亮度变化的功能呢？

图 3-1　花园中的萤火虫

知识技能

制作 LED 的呼吸灯效果。

◎　由暗渐渐变亮：LED 灯由灭的状态慢慢变亮。

◎　由亮渐渐变暗：LED 灯由亮的状态慢慢变暗。

软件模块

模　块	分　类	解　析
设置PWM口 9 输出 120 量	Arduino 模块	输出 PWM 信号，输出信号范围为 0～255。可以输出 PWM 的控制端口为 D3、D5、D6、D9、D10、D11
等待 1 秒	"控制"模块	这个指令块是让程序等待一段时间，时间可以设定

续表

模　块	分　类	解　析
重复执行	"控制"模块	重复执行该模块内的程序。 注意：它的下方是平的，意味着不能接收其他指令
重复执行 10 次	"控制"模块	重复执行内部程序 10 次，参数为整数
新建变量 k 将 k 设定为 0 将变量 k 的值增加 1 记录数据 k 显示变量 k 隐藏变量 k	"数据"模块	设置一个变量，然后对变量进行赋值。当改变这个变量时，整个程序中的变量都随之改变

3.1　知　识　准　备

为保证实践制作的顺利进行，我们首先需要准备即将使用的相关硬件，了解并提前准备是顺利使用硬件的保证；对使用的软件命令模块功能进行学习，是保证软件编程无障碍进行的前提。

3.1.1　认识硬件

在本章的学习中，我们将使用的硬件主要有 Arduino 主板模块、LED 模块、导线、USB 数据线等。在本书选配的学习套包中拿出这些模块一起认识一下吧！图 3-2 所示为使用的硬件实物照片。

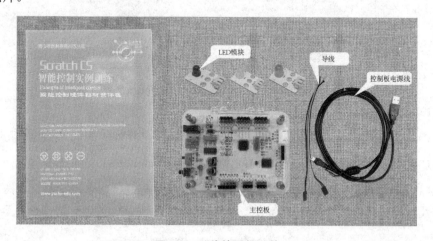

图 3-2　即将使用的硬件

3.1.2　软件功能模块学习

在桌面上双击 🐱 图标，开启 Scratch CS 软件。本章涉及的主要命令功能模块如下。

1. LED 模块的灯光亮度控制模块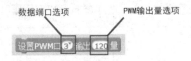

在 Scratch CS 工作界面的"脚本"标签内的 Arduino 选项中，我们可以找到设置 LED 灯亮度的命令模块，该命令模块由两部分组成，分别是数据端口选项，PWM 输出量选项，如图 3-3 所示。

图 3-3　灯光亮度控制模块

在数据端口选项中，单击 3 右侧的倒三角，展开其选项栏目，可以看到这个功能模块只有 3、5、6、9、10、11 六个数据端口可以输出 PWM 波信号，如图 3-4 所示。PWM 值的范围为 0～255。

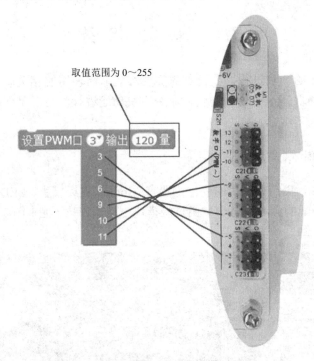

图 3-4　PWM 输出命令数据端口展开图

知识加油站：什么是 PWM 呢？

PWM 是脉冲宽度调制的缩写，就像水龙头，开关开得越大，水流就越大，而在电脑中的体现形式就是有高有低的折线，在电子学中称为方波，PWM 波形如图 3-5 所示。

图 3-5　PWM 波形图

名词解释：你们知道什么叫呼吸灯吗？

呼吸灯，顾名思义，就是灯光在微电脑的控制下完成由亮到暗的逐渐变化，感觉像是在呼吸。广泛应用于手机上，并成为各大品牌新款手机的卖点之一。如果手机里面有未处理的通知，比如说未接来电、未查收的短信等，呼吸灯就会由暗到亮地变化，像呼吸一样有节奏，起到通知、提醒的作用。

2. 数据设置模块 数据

在 Scratch CS 工作界面的"脚本"标签内的"数据"选项中，单击"新建变量"按钮，在弹出对话框的文本框中输入 k。新建的变量可以根据需要设为"适用于所有角色"或"仅适用于当前角色"。本课程中，考虑到变量可以在所有角色中适用，所以选择"适用于所有角色"选项，具体操作步骤如图 3-6 所示。

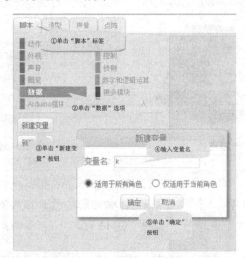

图 3-6　数据设置操作步骤

单击对话框中的"确定"按钮将出现定义的数据，相应的参数如下。

数据：指令积木中利用新建变量来产生变量。

k：勾选时，在舞台会显示 flag 变量。

k：未勾选时，在舞台隐藏 flag 变量。

将 k 设定为 0：将 flag 变量设置为 0。

将变量 k 的值增加 1：将 flag 变量增加 1。

记录数据 k：记录数据 flag。

显示变量 k：在舞台显示 height。

隐藏变量 k：在舞台隐藏 height。

3.2　开启编程之旅

一切准备就绪，现在起航，开始我们的编程之旅吧！

"可爱的萤火虫"作品最终实现的目标是控制 LED 灯由暗慢慢变亮，由亮慢慢变暗。

这个渐变过程，在编程的时候通常需要分三个步骤来实现。

(1) 软硬件连接。

(2) 编写程序。

(3) 连接调试。

3.2.1 软硬件连接

软硬件连接的具体操作步骤如下。

(1) 将准备好的控制主板与其数据传输线连接好，将另一端 USB 端口连接到电脑的 USB 端口上，将控制板上的电源打开，如图 3-7 所示。

(2) 在 Scratch CS 工作界面中，在"连接"菜单中勾选相应的 COM 端口号，确保软件和硬件能够正常通信，如图 3-8 所示。

图 3-7　主板与电脑连接

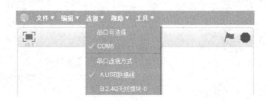

图 3-8　连接硬件设置

> 注意：在"连接"菜单中，串口号选择项只有 COM6。只有当我们的主控板与电脑连接后才会出现 COM *选项，*表示电脑 USB 端口的序号，插入不同的 USB 端口上，这个 *显示的数字不同。当串口号中出现 COM1 时，不能选 COM1，因为 COM1 为电脑中的端口号。

(3) 执行"连接"→"固件上传"命令，等待对话框中显示上传成功，此时我们在软件中设置的所有程序会自动上传到控制主板中并执行，如图 3-9 所示。

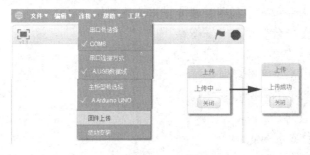

图 3-9　执行"固件上传"命令

> 提示：在没有编写程序之前进行程序的下载主要是为了在编写程序过程中可以实时观察到编写程序的效果。

(4) 将导线与 LED 模块连接好，并将导线的另一端与控制主板上编号为 3 的引脚连接，因为只有 D3、D5、D6、D9、D10、D11 引脚能够输出 PWM，所以只能连接到这六个引脚上，如图 3-10 所示，完成硬件的连接。

图 3-10　正确连接方式

> **注意**：连接线与控制主板连接的时候，导线颜色要与主板引脚的颜色对应，千万不要连错。

3.2.2　编写程序

接下来进行程序的编写，在该部分操作中，首先需要实现 LED 灯由灭的状态慢慢变亮的过程，再实现 LED 灯由亮的状态慢慢变暗的过程。

(1) 进入 Scratch CS 工作界面，单击"脚本"选项卡下的"事件"选项，在出现的选项中将带有小绿旗标志 ███ 的命令模块拖曳到脚本区。

(2) 单击"脚本"选项卡下的"控制"选项，在出现的选项中将"重复执行"命令模块拖曳到小绿旗标志下。

(3) 在"Arduino 模块"选项中将 ███ 命令模块拖曳到重复执行内，设置 3 号端口 PWM 输出为 0，因为 PWM 的最小值为 0，那么 LED 灯为熄灭的状态，具体程序如图 3-11 所示。

(4) 如果要实现 LED 灯的渐变，那么如何实现呢？要实现由暗变亮的过程其实就是设置 PWM 的值在一定时间内进行切换，假如设置每 50 个量的 PWM 为一阶段，在 LED 状态切换之间我们需要一个等待时间，选择"控制"模块 ███ 完成程序设计，如图 3-12 所示。

图 3-11　LED 灯为熄灭状态

图 3-12　由灭到亮的渐变程序

> **提示**：单击小绿旗标志，观察结果是不是 LED 灯由灭渐变到最亮，之后又灭掉呢？如果是，

我们的初级任务就已经实现了。因为当前程序 PWM 以 50 为一个阶段，这个数值偏差太大，不能够很好地体现 LED 灯的渐变过程，所以我们需要让 PWM 的数值缓慢地增加，这里需要用到变量来实现这个功能。

(5) 首先新建变量 ，引入一个新的程序模块，因为 PWM 的取值范围为 0~255，如果变量 k 由 0 增加到 255，每次增加 1，那么需要重复执行 255 次，而每次增加的时间为 0.001s，编写程序如图 3-13 所示。

(6) 在程序中设计由亮变暗的过程，根据第 5 步不难得出要让变量 k 由最大值 255 逐渐减小，最终减到 0 跳出重复循环，参考程序如图 3-14 所示。

图 3-13　由灭到亮的渐变程序　　　　　图 3-14　呼吸灯程序

提示：现在每次数值变化需要 0.001s，相当于 1ms。如果将 1ms 时间变成 2ms，LED 灯的变化速度将变慢，修改变化时间观察一下效果是不是自己预想的。

观察结果是不是 LED 灯由暗慢慢变亮，由亮慢慢变暗呢？如果结果是这样的，恭喜你成功了。

3.3　知　识　拓　展

会变化的小猫

实现了 LED 灯的呼吸灯功能后，我们通过这个功能设计一个有意思的小猫咪变魔法游戏吧！实现角色小猫咪由小变大、由大变小的功能。

(1) 一定要保证在角色栏中有一个角色存在，这里我们用 代替，在"外观"选项卡中找到，程序默认的角色大小就是 100，如果要实现变大又变小的功能，可以参考引入变量的形式来实现，参考程序如图 3-15 所示。

(2) 在"外观"选项卡中有单独控制角色增加的模块。如果不引入变量参数，实现的参考程序如图 3-16 所示。

图 3-15　变大变小的猫(1)

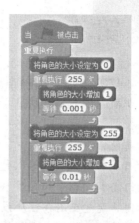

图 3-16　变大变小的猫(2)

提示：不引入变量，我们无法获取当前角色的具体大小，为了更直观地查看到当前角色的大小，可以在"外观"选项卡的最底端勾选 复选框，那么在舞台区将会显示角色的大小。也可以通过让小猫角色说话的方式实现，只需要将 放到 Hello! 文本框内，参考程序如图 3-17 所示。

图 3-17　会变化的猫

第4章 动画中的幸运大转盘

本章将通过实现用红色按钮与绿色按钮控制幸运大转盘的转与停，学习按钮模块的使用方法，认识数字传感器模块，学会如何读取数字传感器模块的值。导入转盘和指针两个角色，通过控制按钮的不同状态来控制转盘的运动状态。

本章主要包括以下内容。

◎ 如何获取按钮数字传感器的状态。

◎ 如何添加、删除和修改 Scratch CS 应用中的角色。

◎ 如何将变量应用在程序设计中。

◎ 如何使用菜单和工具栏按钮。

情景故事

生活中我们经常会看到抽奖活动，抽奖活动有的是抓彩球的形式，有的是砸金蛋的形式，还会经常看到幸运大转盘的形式，图 4-1 所示为大转盘效果图。本章我们一起设计一个幸运大转盘吧。

图 4-1 幸运大转盘

知识技能

通过红色按钮与绿色按钮控制幸运大转盘的转与停。

◎ 转动：按一下红色按钮，电脑上的幸运大转盘会顺时针一直转动。

◎ 停止：按一下绿色按钮，电脑上的幸运大转盘会停止转动。

软件模块

模　块	分　类	解　析
读取 按钮 传感器（数字） 4	Arduino 模块	读取数字类传感器的值(数字类器件包括：按钮、雨滴、干簧管、霍尔、人体红外、红外避障、倾斜开关等)

模　块	分　类	解　析
新建变量 ☑ flag 将 flag 设定为 0 将变量 flag 的值增加 1 记录数据 flag ▾ 显示变量 flag ▾ 隐藏变量 flag ▾	"数据"模块	新建一个变量，然后对变量进行赋值。当改变这个变量时，整个程序中的该变量都随之改变
向右旋转 ↻ 15 度	"动作"模块	以角色的中心为圆心进行旋转
重复执行	"控制"模块	重复执行该模块内的程序
如果　　那么	"控制"模块	该模块是条件判断模块，如果满足条件，那么执行被包住的程序
按键 空格键 ▾ 是否按下？	"侦测"模块	判断空格键有没有被按下

4.1　知 识 准 备

为保障实践制作的顺利进行，我们首先需要准备即将使用的相关硬件，了解并提前准备是顺利使用硬件的保证；对使用的软件命令模块功能进行学习，是保证软件编程无障碍的前提。

4.1.1　认识硬件

在本章的学习中，我们将使用的硬件主要有 Arduino 主板模块、2 个按钮模块、导线、USB 数据线等。在本书选配的学习套包中拿出这些模块一起认识一下吧！图 4-2 所示为使用的硬件实物照片。

按钮，也称为按键，是一种常用的控制电器元件，常用来接通或断开控制电路，从而达到控制电动机或其他电气设备运行的目的，如图 4-3 所示。

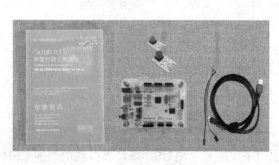

图 4-2　即将使用的硬件

图 4-3　按钮模块

4.1.2 软件功能模块学习

在桌面上双击 🎬 图标,开启 Scratch CS 软件。本章涉及的主要命令功能模块如下。

获取按钮状态的模块 读取 按钮▾ 传感器(数字) 4▾

在 Scratch CS 工作界面的"脚本"标签内的"Arduino 模块"选项中,我们可以找到读取按钮状态的命令模块 读取 按钮▾ 传感器(数字) 4▾,该命令模块由两部分组成,分别是功能指示选项和数据端口选项,如图 4-4 所示。

在功能指示选项中,使用鼠标单击"按钮"后的倒三角形,可以展开其选项栏目,可以看到这个功能模块不但可以选择按钮,而且还可以选择雨滴、干簧管、霍尔、人体、红外避障、倾斜开关、碰撞开关,图 4-5 为展开的选项图;在数据端口选项中,使用者可以根据导线所插的端口确定数字号。

图 4-4 读取按钮状态的命令模块 　　图 4-5 读取按钮模块的展开选项

> **注意**:读取按钮状态的命令模块中的"数据端口选项"中的参数不是随意设定的。该参数的取值范围为 2 到 13 之间的整数,一定要导线与控制板所拼插的信号端口相对应。

4.2 开启编程之旅

一切准备就绪,现在起航,开始我们的编程之旅吧!

"动画中的幸运大转盘"作品最终实现的目标是按红色按钮幸运大转盘进行转动,按绿色按钮幸运大转盘停止。这一目的在编程的时候通常需要分三个步骤来实现。

(1) 软硬件连接。

(2) 编写程序。

(3) 连接调试。

4.2.1 软硬件连接

软硬件连接的具体操作步骤如下。

(1) 将准备好的控制主板与 USB 数据线连接好,将另一端 USB 端口连接到电脑的 USB 端口上,确保控制板上的电源是打开的。

(2) 在 Scratch CS 工作界面中,在"连接"菜单选项中勾选相应的 COM 端口号,确保软件和硬件能够正常通信，如图 4-6 所示。

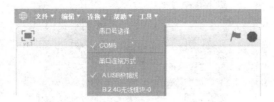

图 4-6　连接硬件

（3）执行"连接"→"固件上传"命令，此时我们在软件中设置的所有程序会自动上传到控制主板中并执行。

（4）用 2 根导线将红色和绿色按钮模块连接好，红色按钮与控制板上编号为 3 的引脚相连，绿色按钮与控制板上编号为 4 的引脚相连，如图 4-7 所示。

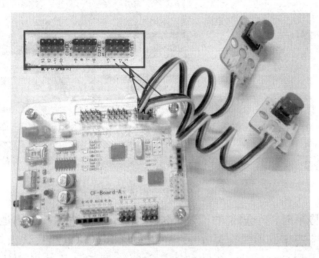

图 4-7　正确连接方式

注意： 连接线与控制板连接的时候，千万不要接错。

4.2.2　编写程序

我们首先需要获取按钮的不同状态，然后再实现动画的设计，最后实现程序的编写。

1. 获取按钮的状态

（1）进入 Scratch CS 工作界面，单击"脚本"选项卡下的"事件"选项，在出现的选项中将带有小绿旗标志 的命令模块拖曳到脚本区。

（2）单击"脚本"选项卡下的"控制"选项，在出现的选项中将"重复执行"命令模块拖曳到脚本。

（3）单击"脚本"选项卡下的"外观"选项，在出现的选项中将 命令模块拖曳到"重复执行"模块内，如图 4-8 所示。

（4）单击"Arduino 模块"选项，在出现的选项中将 命令模块拖曳到 中，本程序是将绿色按钮连接到控制板的 4 号端口上，如图 4-9 所示。

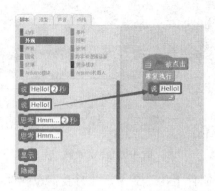

图 4-8　使用鼠标拖曳"说……"命令模块

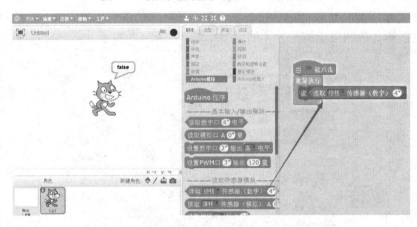

图 4-9　按钮测试程序

当按钮没有被按下时，小猫说的话是 false，如图 4-10 所示，意思是按钮没有被按下。而当按钮被按下的情况下，小猫会说 true，如图 4-11 所示。电脑只认识 0 和 1 这两个数字，所有的数据在电脑中都是以 0 和 1 组成的编码存储的，0 和 1 在电脑中体现的形式为低电平和高电平，小猫说的 false 就相当于 0(低电平)，说的 true 就相当于 1(高电平)。

图 4-10　按钮放开结果

图 4-11　按钮按下结果

根据测试结果得出如图 4-12 所示的结果。

按下	高电平	1	true
放开	低电平	0	false

图 4-12　按钮状态测试结果

2. 角色的导入

角色的选取有四种方式 新建角色 ✿/🖼📷，分别是从角色库中选择，绘制新角色，从本地文件中上传角色，拍摄照片当作角色。

◎　✿ 从角色库中选择角色：从 Scratch CS 的图库中选择角色造型。单击该按钮，可以打开如图 4-13 所示的对话框。

图 4-13　角色库对话框

◎　✎ 绘制新角色：在造型区绘制新的角色。图 4-14 所示为绘制角色对话框。

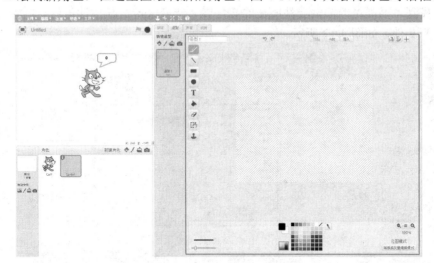

图 4-14　绘制新的角色对话框

◎　🖼 从本地文件中上传角色：单击图标会弹出文件选择对话框，找到对应的文件，从电脑中上传新的角色文件。图 4-15 所示为导入新的角色对话框。

◎　📷 拍摄照片当作角色：用 Webcam(网络摄像机)拍照保存，新建角色。

下面开始进行角色的创建。

(1)　在"新建角色"组中，单击"从本地文件中上传角色"按钮 🖼，如图 4-16 所示。

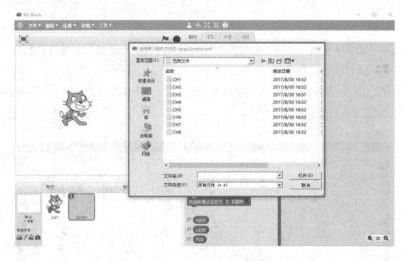

图 4-15　导入新的角色对话框

图 4-16　执行导入角色功能

(2)　找到本书提供的范例文件所在的文件夹，选取大转盘和指针角色，再单击"打开"按钮以打开文件，如图 4-17 所示。

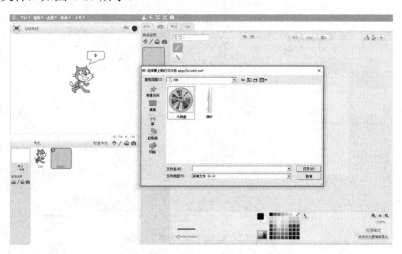

图 4-17　从本地文件中上传角色

(3)　角色区多了两个角色，角色的位置可能不是你想放置的位置，选中想要调整的角色，按住鼠标左键不放拖动角色到适当的位置。这里我们移动幸运大转盘使其刚好在整个界面的中间，如图 4-18 所示。

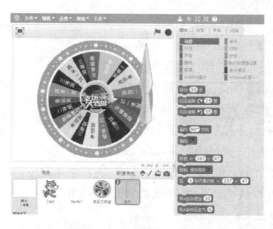

图 4-18　调整角色位置

提示： 要删除某一个角色将鼠标移动到对应角色上右击选择删除即可，用这种方式将小猫和多余的角色删除，如图 4-19 所示。

图 4-19　删除多余的角色

(4) 移动"指针"角色到"幸运大转盘"角色的中间位置，你会发现"指针"角色过大，以至于将幸运大转盘上的文字给遮挡住了，可以通过缩放按钮　　　　　来调整大小，其中红色标记即为缩小按钮，用鼠标单击红色标记，然后将鼠标移到"指针"角色，单击左键缩小，缩小到适宜大小即可，如图 4-20 所示。

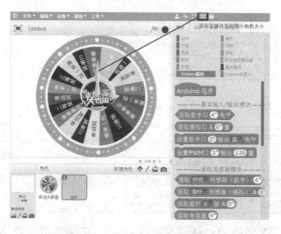

图 4-20　调整指针位置和大小

3. 幸运大转盘角色的程序编写

制作大转盘模型转动的方式有两种，一种是"幸运大转盘"角色转动，"指针"角色不转的方式；另一种是"指针"角色转动，"幸运大转盘"角色不动的方式。我们采用第一种方式，所以需要选择"幸运大转盘"角色编写程序。

(1) 单击"脚本"选项卡下的"事件"选项，在出现的选项中将带有小绿旗标志  的命令模块拖曳到脚本区。

(2) 单击"脚本"选项卡下的"控制"选项，在出现的选项中将"重复执行" 命令模块拖曳到小绿旗下。

(3) 在"动作"模块中选择 拖到编程框里的重复执行指令中，如图 4-21 所示。单击小绿旗标志 ，观看结果是不是幸运大转盘在顺时针转动呢？可以通过调整转动角度来控制幸运大转盘的转动速度。

图 4-21　角色转动命令

> **提示：** 在角色区中，单击每一个角色 左上角的 图标后，我们可以调整角色的旋转模式，本章采用第一种旋转模式。还可以设置角色的其他属性，例如给角色命名，调整角色的方向，控制角色的显示与隐藏等，如图 4-22 所示。

图 4-22　角色属性的设置

(4) 将"控制"选项里的 拖动到重复执行中，判断条件为按钮有没有被按下，需要用到"Arduino 模块"选项中的按钮检测模块 ，移动该模块到条件判断框内，如图 4-23 所示。

红色按钮被按下，执行大转盘旋转的命令

图 4-23　按钮检测

> **提示：** 单击小绿旗标志 ，观察结果是不是当红色按钮按下不松开时幸运大转盘才会一直转，当松开之后幸运大转盘会马上停止呢？而我们要实现的功能是只需要按一下红色的按钮，幸运大转盘就能够一直在转动，而按绿色按钮才会停止。那么只需要引入一个参数让幸运大转盘一直转动就可以了。

(5) 单击"数据"选项中的"新建变量"按钮，在文本框中输入 flag，将 拖动到小绿旗标志下面。当按钮被按下之后， 的值会变为其他数字，增加一个判断条件是不是就可以解决问题了呢，参考程序如图 4-24 所示。

(6) 通过第 5 步的分析，增加幸运大转盘停止的功能就不难设计了，我们只需要当绿色按钮被按下时，的值不为 1，是不是就可以解决了呢？图 4-25 所示为幸运大转盘停止与开启程序。

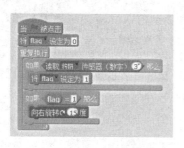

图 4-24　变量的用法程序

图 4-25　幸运大转盘停止与开启程序

提示： 观察结果是不是按一下红色按钮，幸运大转盘就一直转动呢？

4.3　知识拓展

电脑按键控制幸运大转盘的运动

我们已经实现了用按钮控制电脑上的幸运大转盘，现在实现用键盘控制幸运大转盘，按键盘上的 A 键，"幸运大转盘"角色开始转动，按键盘上的 B 键，"幸运大转盘"停止。

选择"侦测"选项卡下的 按键 空格键 是否按下 命令，替换程序模块中的 读取 按钮 传感器（数字）3 命令。单击 按键 空格键 是否按下 命令模块中"空格键"文本右侧的倒三角，将该命令模块的"空格键"设置成 A 键，同理将 读取 按钮 传感器（数字）4 替换成 按键 b 是否按下，参考程序如图 4-26 所示。

图 4-26　幸运大转盘停止与开启程序

第 5 章　智能家居灯光控制系统

本章将实现智能家居中夜幕降临时灯光自动打开，窗帘自动关闭，天亮了窗帘自动开启的功能。本章通过学习模拟传感器的相关知识，掌握如何获取模拟传感器的值，理解光线传感器与光线强度的关系，通过光线传感器模块能够实现控制舞台灯光的亮度。

本章主要包括以下内容。

◎　学习光线传感器的原理和应用。

◎　掌握如何读取模拟传感器的值。

◎　理解光线传感器与光线强度的关系。

◎　掌握如何添加、删除和修改舞台的背景。

◎　掌握"数字和逻辑运算"模块的相关命令。

情景故事

每当夜幕降临，一般人家都会打开灯，拉上窗帘；天亮了再把窗帘打开，接受阳光的洗礼，开启美好的一天。但是有没有想过，让自己的家更加智能化呢？比如当夜幕降临的时候，窗帘会自动关闭，灯也会自动开启。天亮后，窗帘会自动打开，让阳光照射进屋里，如图 5-1 所示。听起来是不是很神奇，本章就让我们一起来实现这个功能吧！

图 5-1　智能家居

知识技能

实现智能家居，在夜幕降临时灯自动点亮，窗帘自动关闭，天亮了窗帘自动开启。

◎　夜幕降临：屋里的光线随着夜幕降临渐渐变暗，光线暗到一定程度窗帘会自动关闭，灯将自动点亮。

◎　天亮：光线亮到一定程度，窗帘会自动打开，灯也会自动熄灭。

软件模块

模　块	分　类	解　析
读取 光线 传感器（模拟） A 0	Arduino 模块	这个模块可用来对周围环境光的亮度进行检测。获取的信号范围为 0～1024，光照越强数值越大
设置 LED灯 2 为 开	Arduino 模块	设置 LED 灯开启还是关闭
将背景切换为 bedroom2	"外观"模块	通过给舞台分配一个不同的背景，以修改舞台的外观
将 亮度 特效设定为 0	"外观"模块	本章应用的对象为舞台背景，通过一个指定的数值，来应用并修改一个特效(颜色、超广角镜头、旋转、像素滤镜、马赛克、亮度或虚像)，以修改舞台或角色的外观
<	"数字和逻辑运算"模块	根据一个数字是否小于另一个数字，返回一个为真或假的布尔值
light / 10	"数字和逻辑运算"模块	用一个数字除以另一个数字并返回结果

5.1　知　识　准　备

为保障实践制作的顺利进行，我们首先需要准备即将使用的相关硬件，了解并提前准备是顺利使用硬件的保证；对使用的软件命令模块功能进行学习，是保证软件编程无障碍的前提。

5.1.1　认识硬件

在本章的学习中，我们将使用的硬件主要有 Arduino 主板模块、光线传感器、LED 模块、导线、USB 数据线等。在本书选配的学习套包中拿出这些模块一起认识一下吧！如图 5-2 所示为即将使用的硬件。

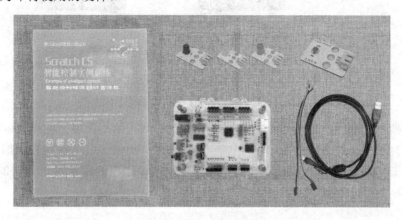

图 5-2　即将使用的硬件

光线传感器也称环境光线传感器，主要用于检测环境光线的强度，如图 5-3 所示。光线传感器是我们学习的第一个模拟传感器，通常用来制作随光线强度变化产生特殊效果的互动作品。

图 5-3　光线传感器

什么是模拟传感器呢？模拟传感器可以检测外界的信息，比如光照强度、温度、声音大小等。模拟传感器会将这些信息转化为一系列的数值，不同的数值对应不同的环境强度。

提问：既然光线传感器能够检测光线强度，那么光线强度与光线传感器输出的数据大小有什么关系呢？光线传感器的输出信号范围又是多少呢？

该传感器输出值的范围为 0～1023，不同的光线强弱会输出不同的值，光线越强，数值越大，光线越暗，数值越小。

5.1.2　软件功能模块学习

在桌面上双击 图标，开启 Scratch CS 软件。本课涉及的主要命令功能模块有以下两个。

1. 光线检测模块 读取 光线 传感器（模拟） A 0

在 Scratch CS 工作界面的"脚本"标签内的"Arduino 模块"选项中的"读取传感器模块"中可以找到 读取 滑杆 传感器（模拟） A 0 ，单击"滑杆"右侧的倒三角可以选择"光线"选项。该命令模块由两部分组成，分别是功能指示选项和数据端口选项，如图 5-4 所示。

图 5-4　光线传感器模块

在功能指示选项中，用鼠标单击"光线"右侧的倒三角，在展开的列表中可以看到这个功能模块有滑杆、旋钮、光线、热敏、声音、水位、土壤湿度、灰度、火焰、有害气体等选项；单击"0"右侧的倒三角，在数据端口选项可以选择的标号为 0、1、2、3、4、5，图 5-5 所示为展开的选项。

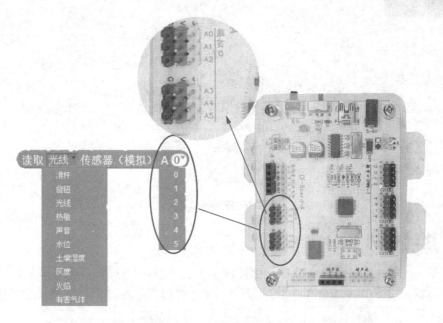

图 5-5　展开的选项

小知识：在"Arduino 模块"选项中有 读取模拟口 A ⓪ 量 命令模块，该模块的功能与 读取 光线 传感器（模拟）A ⓪ 一样，该模块既可用来对周围环境光的亮度进行检测，也可用于其他的模拟传感器。要注意的是，数据端口选项中的 A0、A1、A2、A3、A4、A5 为模拟端口，不能插到数据端口上。

2. 特效设置模块 将 颜色 特效设定为 0

在"外观"选项卡中有特效设置模块 将 颜色 特效设定为 0 ，单击"颜色"右侧的倒三角，如图 5-6 所示，展开可以看到颜色、超广角镜头、旋转、像素滤镜、马赛克、亮度、虚像等选项，该模块可以设置背景的不同效果。

图 5-6　背景特效命令选项

5.2　创意搭建

现在我们使用创意搭建套包中的搭建模块，一起设计搭建智能家居的楼阁。图 5-7 所示为搭建方案示意图。

图 5-7　搭建示意图

5.2.1　搭建前的准备

搭建开始之前先准备材料，准备的材料有 1 个主控板，2 根 3P 导线，1 个 LED 灯，1 个光线传感器， 4050、4060、4070 铆钉若干，1 个铆钉起，各种类型的拼接板，如图 5-8 所示。

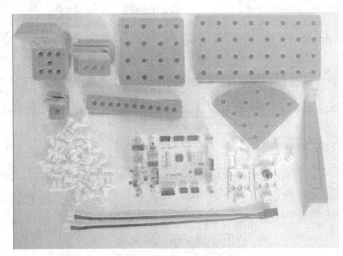

图 5-8　搭建材料示意图

5.2.2　搭建步骤图示

1. 创意搭建过程

(1) 取出 1 个"连接片 1×8"、4 个"直角支架 3-3"、8 个"铆钉 4060"，按图 5-9 所示操作进行连接。

(2) 取出 2 个"连接片 4×4"、4 个"直角支架 1×3"和 8 个"铆钉 4060"，按图 5-10 所示操作进行连接。

(3) 取出上一步骤连接好的结构，然后再取出 2 个"连接片 4×8"、8 个"铆钉 4060"，按图 5-11 所示进行连接。

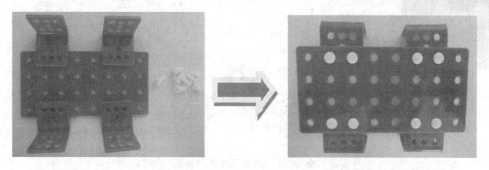

图 5-9　底部连接示意

图 5-10　角变连接示意

图 5-11　组成四边形

(4) 取出 2 个"直角支架 1×3"、4 个"铆钉 4060"，按图 5-12 所示进行连接。

图 5-12　底托的连接支架安装

(5) 将已拼装成的两部分组装在一起，如图 5-13 所示连接。

(6) 取出 1 个"直角支架 3×3"、2 个"铆钉 4060"，按图 5-14 所示进行连接。

(7) 取出 2 个"连接片 4×4"、4 个"直角支架 1-1"、4 个"铆钉 4060"，按图 5-15 所示进行连接。

图 5-13　底托与身体的安装

图 5-14　直角支架连接示意(1)

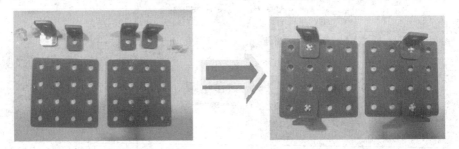

图 5-15　直角支架连接示意(2)

（8）取出 2 个"扇形连接片 4×4"、1 个"直角支架 3-3"、8 个"铆钉 4060"，按图 5-16所示进行连接。

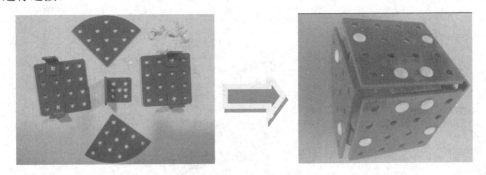

图 5-16　扇形结构连接示意

（9）取出 2 个"连杆 11A"、上一步骤连接好的结构、4 个"铆钉 4060"，按图 5-17所示操作进行连接。

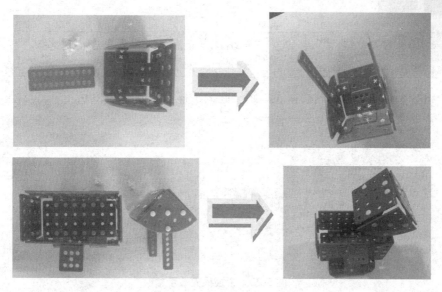

图 5-17　屋顶结构连接示意

(10) 取出 1 个"连杆 11A"、2 个"铆钉 4060"，按图 5-18 所示进行连接。

图 5-18　连杆连接示意

2. 控制板与 LED 灯和光线传感器的连接

(1)　将 LED 灯模块连接到数字端口 D2 上，将光线传感器连接到模拟端口 A0 上，连接的时候一定要注意传输线与主板引脚的颜色要对应好，不要接反了，如图 5-19 所示。

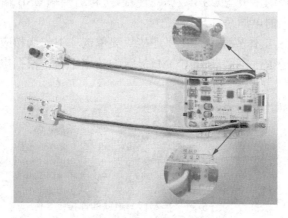

图 5-19　线路连接示意

注意：模拟传感器需要连接 A0～A5 模拟端口，光线传感器需要连接到这六个模拟端口中
的一个，一定不要连接错了。

（2）将控制板与搭建好的楼阁连接到一起，具体操作如图 5-20 所示。

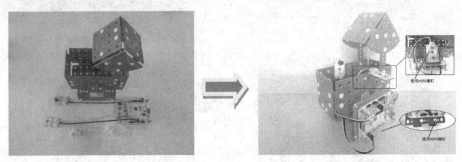

图 5-20　主控板安装示意

5.3　开启编程之旅

一切准备就绪，现在起航，开始我们的编程之旅吧！

"智能家居灯光控制系统"作品最终实现的目标是能够通过光线传感器检测光线的强
度，当光线暗到一定程度时灯光会自动打开，窗帘会自动关闭，天亮了窗帘会自动打开，
灯光自动熄灭。我们在编程的时候通常需要分三个步骤来实现。

（1）软硬件连接。

（2）编写程序。

（3）连接调试。

5.3.1　软硬件连接

软硬件连接的具体操作步骤如下。

（1）将准备好的控制主板与 USB 数据线连接好，将另一端 USB 端口连接到电脑的 USB
端口上，确保控制板上的电源是打开的。

（2）在 Scratch CS 工作界面中，在"连接"菜单选项中勾选相应的 COM*端口，确保
软件和硬件能够正常通信，不同端口 COM*显示的数字不同，根据电脑显示进行选择，如
图 5-21 所示。

图 5-21　控制板与电脑的连接

（3）执行"连接"→"固件上传"命令，此时我们在软件中设置的所有程序会自动上

传到控制主板中并执行，如图 5-22 所示。

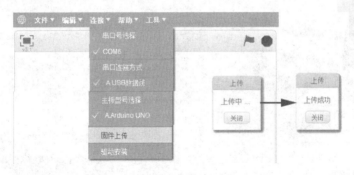

图 5-22　执行"固件上传"命令

5.3.2　编写程序

在该部分操作中，我们首先需要创建舞台背景，然后让舞台背景随着光线强度进行变化，并用光线的强度控制 LED 灯的开启与关闭，以及用光线传感器控制窗帘的开启与关闭。具体操作如下。

1. 创建舞台背景

新建舞台背景的方式与新建角色的方式相同，舞台的选取有四种方式，分别是从背景库中选择，绘制新背景，从本地文件中上传背景，拍摄照片当作背景。

(1) 在"新建背景"组中，单击"从背景库中选择背景"按钮，选择 bedroom2 背景，如图 5-23 所示。

图 5-23　选择背景

(2) 因为设计了窗帘开启与关闭的效果，现在需要有一个窗帘关闭的背景。可以采用导入新背景的方式，也可以采用绘制背景的方式，这里我们采用导入新背景的方式。在背景面板的"新建背景"组中，单击"从本地文件中上传背景"按钮，在弹出的对话框中选取 bedroom3 背景,再单击"打开"按钮以打开文件,如图 5-24 所示。

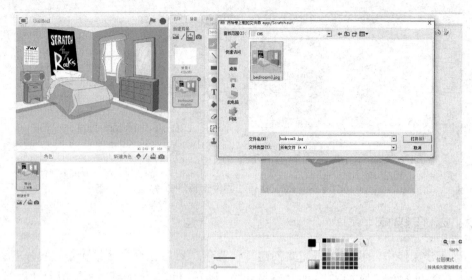

图 5-24　导入背景

2. 舞台背景随着光线强度进行变化

当环境光线变暗时,舞台背景的亮度也会随着变暗,当环境光线变亮时,舞台背景的亮度也会随着变亮,实现这个功能的操作如下。

(1) 进入 Scratch CS 工作界面,单击"脚本"选项卡下的"事件"选项,在出现的选项中将带有小绿旗标志的命令模块拖曳到脚本区。

(2) 单击"控制"选项,在出现的选项中将"重复执行"命令模块拖曳到小绿旗标志下。

(3) 在"数据"选项中,单击"新建变量"按钮,在弹出对话框的文本框中输入 light,放置位置如图 5-25 所示。

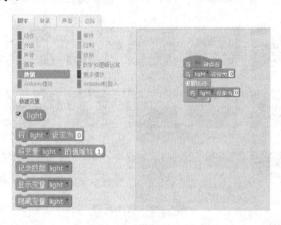

图 5-25　变量的幅值

(4) 将"Arduino 模块"选项中的 读取 滑杆 传感器(模拟) A 0▾ 拖动到 将 light 设定为 0 内,在功能指示选项中选择光线传感器,如图 5-26 所示。

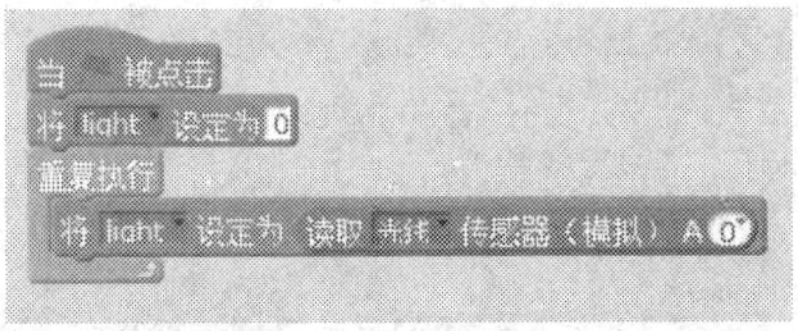

图 5-26　读取光线传感器的值

(5) 单击“外观”选项，拖动特效设定模块【将 颜色 特效设定为 0】，单击“颜色”选项右侧的倒三角，选择“亮度”选项，具体操作如图 5-27 所示。

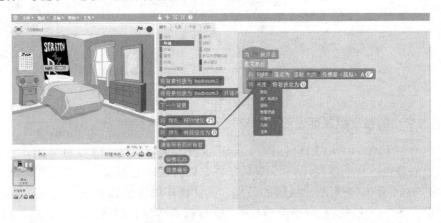

图 5-27　特效设定模块

提示： 单击小绿旗标志，观察舞台展示区上的 light 数值【light 509】，你会发现，光线越亮，数值越大，光线越暗，数值越小，那么 light 的数值范围是多少呢？模拟传感器输出的信号范围为 0～1023，这个一定要记住哦！

提示： 选择“亮度”选项后，将特效的值分别设定为 100、50、0、-50、-100，你会发现，数值越大，亮度越亮，数值越小，亮度越暗。“亮度”选项的取值范围为-100 ~ 100。

(6) 因为亮度的取值为-100～100，而光线传感器获取的数据范围为 0～1023，我们可以将获取到的光线值除以 10。单击“数字和逻辑运算”选项，选择除法运算【 / 】，具体操作如图 5-28 所示。

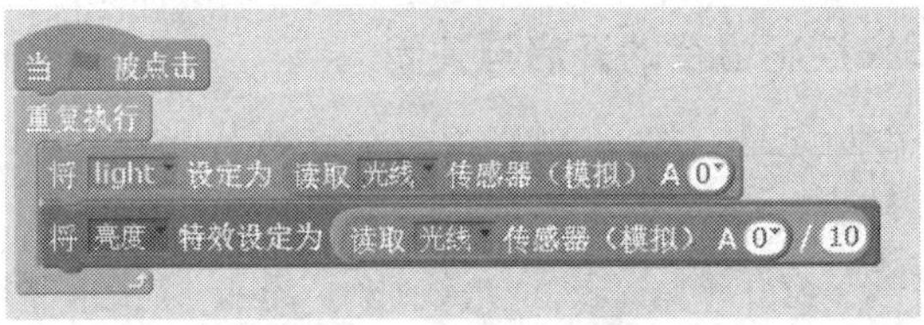

图 5-28　改变光线数值

提示： 单击小绿旗标志你会发现，光线的变化不能做到光线暗的时候，背景亮度随之变暗，因为亮度的变化范围是-100～100，而【读取 光线 传感器（模拟） A 0 / 10】获取的数据为大于零的数据，那么将程序变化成如图 5-29 所示，效果会如何呢？

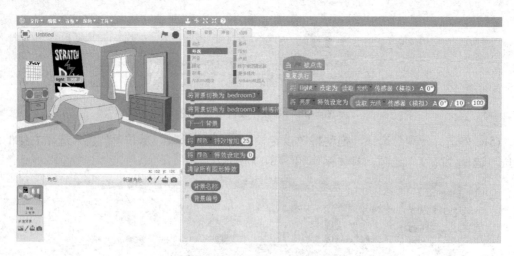

图 5-29　光线检测背景变化

3. 通过光线的强度控制灯光的开启与关闭

当光线值小于 500 时，LED 灯开启；当光线值大于 700 时，LED 灯关闭。

（1）根据功能，我们需要用 ▭▭ 逻辑条件来判断条件是否成立，需要用"数字和逻辑运算"中的 ▭▭ 或者 ▭▭ 来判断光线值的范围，具体操作如图 5-30 所示。

（2）根据条件，当光线的值小于 500 时，LED 开启。当光线值大于 700 时，LED 关闭，需要用到"Arduino 模块"中的 LED 命令 ▭▭ LED灯 ▭ 为 开 ，操作如图 5-31 所示。

图 5-30　光线的条件判断

图 5-31　LED 灯的开启与关闭

> **提示**：这时用手遮挡光线传感器，LED 灯模块将亮，不遮挡时 LED 灯模块将自动关闭。如果效果一样，恭喜你成功了。

4. 通过光线的强弱来控制窗帘的开启与关闭

为了控制窗帘的开启与关闭，需要测量出当前的光线数值，根据数据大小来控制背景的切换。

◎ 当光线的值小于 500 时，表示光线暗了需要拉上窗帘，所以将背景切换为 bedroom3。

◎ 当光线的值大于 700 时，表示光线亮了需要打开窗帘，所以将背景切换为 bedroom2。

单击"外观"选项，将 将背景切换为 bedroom3 放置到 ▭▭ 内，将 将背景切换为 bedroom2 放置到 ▭▭ 内，具体操作如图 5-32 所示。

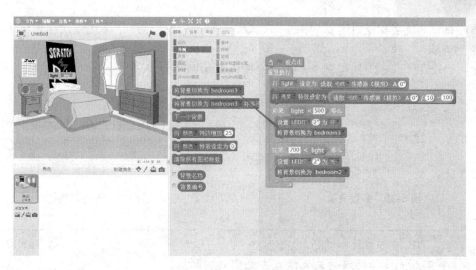

图 5-32　背景的切换

> 提示：单击小绿旗标志，用手遮挡光线传感器，观察背景的亮度是否会随着光线的强弱来变化。当光线暗到一定程度时，窗帘会自动关闭，LED 灯开启；当光线亮度变大时，LED 灯关闭，窗帘打开。如果是这样，表示设计成功了。

5.4　知 识 拓 展

设计一个感光 LED 灯

能否让我们的 LED 灯更智能一点呢？比如说光线越暗，LED 灯越亮；光线越弱，LED 灯越亮。

> 提示：这里要注意的是，光线传感器的数值范围为 0～1023，而 PWM 的取值范围为 0～255，所以我们需要映射。

（1）选择"事件"选项中的小绿旗选项 ，将该模块拖曳到脚本区。

（2）单击"控制"选项，在出现的选项中将"重复执行"命令模块拖曳到"重复执行"模块下。

（3）在"数据"选项中，将 拖曳到"重复执行"模块内，单击"Arduino 模块"，选择 ，放置位置如图 5-33 所示。

（4）将 LED 模块连接到控制主板的 3 号端口，将"Arduino 模块"中的 拖曳到"重复执行"模块内，如图 5-34 所示。

图 5-33　获取光线传感器的值

图 5-34　设置 LED 灯模块的亮度

(5) 拖动"数字和逻辑运算"中的 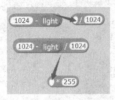 模块，将三个模块依次拖入脚本区域，如图 5-35 所示。

(6) 将  拖曳到 PWM 输出量内，如图 5-36 所示。

图 5-35　参数设置　　　　　　　　　　图 5-36　参考程序

提示：　 light ：光线传感器获取的值。

　　　　 1024 - light ：光线传感器的最大值减去测出的实际值。

　　　　 light / 1024 * 255 ：光线传感器与实际传感器测出的比值。

提示：单击小绿旗，是不是环境变暗的时候 LED 变亮，环境变亮时 LED 变暗呢？如果结果一样，恭喜你挑战成功了。

第 6 章　大风车转转转

本章将设计一个可以通过声音传感器控制不同转动状态的大风车，当声音变大时风车的速度也会跟着变大，以及通过声音传感器来控制高速风扇模块的转动与停止。本章将学习两个新的传感器模块，声音传感器模块和高速风扇模块。通过声音传感器模块检测外界声音的大小，从而控制高速风扇模块的状态。

本章主要包括以下内容。

◎　学习声音传感器的原理和应用。

◎　掌握控制高速风扇转速的方法。

◎　理解事件、控制、数字和逻辑运算积木的基本用法。

◎　设计一个声音传感器控制"风车"转动的功能。

◎　设计一个声控风扇功能。

情景故事

相信大家都叠过纸风车吧！将风车固定到木架上逆风奔跑，风车就会转动，风越大，风车转得越快，如图 6-1 所示。下面我们就用软件来设计一个大风车。

图 6-1　风车展示图

知识技能

学习声音传感器的使用方法，通过声音传感器检测声音的大小，通过检测到的声音实现以下三个功能。

功能一：通过给声音传感器吹气来控制风车转速，吹的气越大，风车转速越快。

功能二：控制角色"风车"的转动，当听到第一个声音时角色"风车"会转动，听到第二个声音时角色"风车"会停止转动，依次循环。

功能三：控制高速风扇模块的转动，当听到第一个声音时，高速风扇模块开始转动，当听到第二个声音时高速风扇会停止转动，依次循环。

软件模块

模 块	分 类	解 析
读取 声音 传感器（模拟）A 0	Arduino 模块	获取声音传感器的信号值，获取的数据范围为 0～1023，该模块用于模拟传感器
设置 风扇 2 为开	Arduino 模块	设置风扇开启或关闭，也可以用 设置数字口 2 输出 高 电平 代替
设置直流电机 3 速度为 120	Arduino 模块	设置直流电机的转速，数据端口选项只能选择可以输出 PWM 信号的 D3、D5、D6、D9、D10、D11 引脚
向右旋转 15 度	"动作"模块	将一个角色按顺时针方向旋转指定的度数
/	"数字和逻辑运算"模块	用一个数字除以另一个数字并返回结果

6.1 知 识 准 备

生活中，很多地方都使用声控灯照明。例如，晚上走在长廊中只需要轻轻拍手，灯就会自动变亮。声音的获取就需要用到今天要学习的声音传感器。

6.1.1 认识硬件

在本章的学习中，我们主要使用的硬件有 Arduino 主板模块、声音传感器模块、高速风扇模块、导线、USB 数据线等。在本书选配的学习套包中拿出这些模块一起认识一下吧！图 6-2 所示为即将使用的硬件。

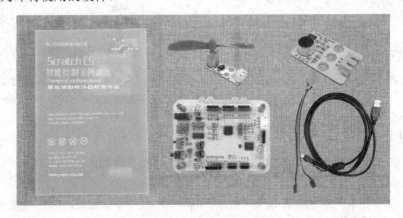

图 6-2　即将使用的硬件

声音传感器是一款简单、实用的电子耳朵，可用来对周围环境中的声音强度进行检测，如图 6-3 所示。声音传感器根据不同强度的声音，输出不同的值，声音越大输出的值越大，该款模拟声音传感器的输出范围为 0～1023。

夏天天气热的时候，家里总会放置一个风扇进行散热，那么风扇是如何来控制转与停的呢？下面学习高速风扇模块，该模块带有电机驱动芯片，可以通过控制板输出的微弱信号来控制风扇的转与停。如图 6-4 所示为高速电机模块。

图 6-3　声音传感器

图 6-4　高速电机模块

6.1.2　软件功能模块学习

在桌面上双击 图标，开启 Scratch CS 软件。本章涉及的主要命令功能模块如下。

1. 声音传感器模块 读取 声音 ·传感器（模拟） A 0▼

在 Scratch CS 工作界面的"脚本"选项卡内的"Arduino 模块"中，我们可以找到模拟传感器的命令模块 读取 滑杆 ·传感器（模拟） A 0▼，用鼠标单击"滑杆"右侧的倒三角，可以展开其选项列表，选择"声音"选项，如图 6-5 所示。

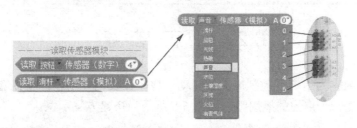

图 6-5　模拟传感器读取模块

> **注意：** 数据端口中的 A0、A1、A2、A3、A4、A5 选项为模拟端口，本章我们统一插在 A0 端口上，不要插错哦！

2. LED 灯控制模块 设置 风扇 2▼为 开

单击"Arduino 模块"选项，选择 LED 灯设置模块 设置 LED灯 2▼为 开，用鼠标单击"LED 灯"右侧的倒三角，在展开的选项列表中选择要控制的"风扇"选项。单击"开"右侧的倒三角，在展开的选项列表中可以设置风扇的开与关，如图 6-6 所示。

图 6-6　设置模块的选项

3. 高速风扇电机控制模块 设置直流电机 3▼速度为 120

单击"Arduino 模块"选项，选择 设置直流电机 3▼速度为 120 模块，用鼠标单击 3 右侧的倒三角，你会发现只有 3、5、6、9、10、11，因为只有这六个引脚可以输出 PWM 波的功能，如图 6-7 所示。

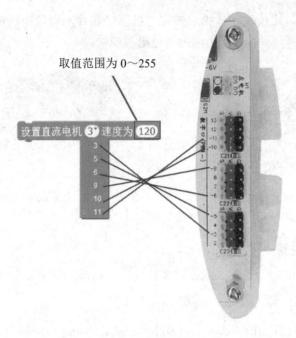

取值范围为0~255

设置直流电机 3▾ 速度为 120

图 6-7　电机控制模块

注意：直流电机转动速度的范围为0~255，一定要记住哦！

6.2　创意搭建

本节的主要内容为用声音控制风扇的转动，现在让我们使用创意搭建套包中的搭建模块，一起设计搭建一个声控的风扇吧。如图6-8所示为搭建方案示意。

正面图

侧面图

图 6-8　搭建示意图

6.2.1　搭建前的准备

搭建开始之前先准备材料，准备的材料有 1 个主控板，1 个高速风扇，1 个声音检测传感器，2 根 3P 导线，4 节 5 号电池，4050、4060、4070 铆钉若干，1 个电池盒，1 个铆钉起及各种类型的拼接板，如图 6-9 所示。

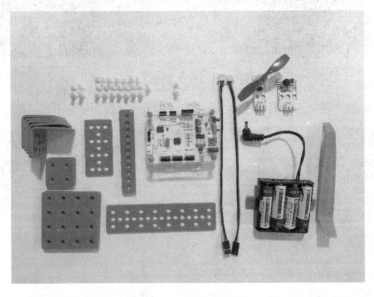

图 6-9　搭建材料

6.2.2　搭建步骤图示

1. 创意搭建过程

(1) 取出 3 个"连接片 4×4"、2 个"连接片 2×2"和 8 个"铆钉 4060"，按图 6-10 所示连接。

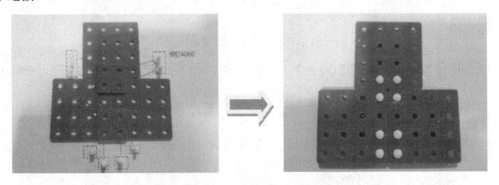

图 6-10　"品"字图形拼装示意

(2) 用 2 个"铆钉 4060"将"梁 A-4"固定，如图 6-11 所示。

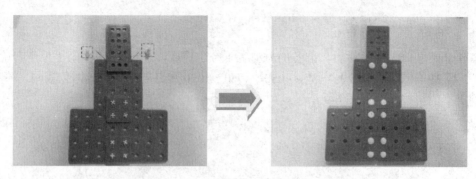

图 6-11　梁的固定示意

(3)　取出 4 个"铆钉 4070"将 4 个"直角支架 3-3"固定，如图 6-12 所示。

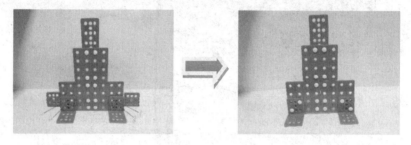

图 6-12　底座固定示意

(4)　取出 2 个"铆钉 4060"将"直角支架 3-3"固定，如图 6-13 所示。

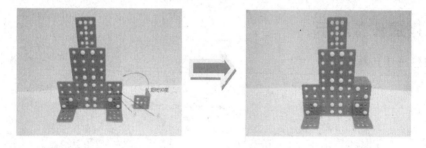

图 6-13　直角支架固定示意

(5)　取出"梁 B-8"，然后用 2 个"铆钉 4060"固定在"直角支架 3-3"上，如图 6-14 所示。

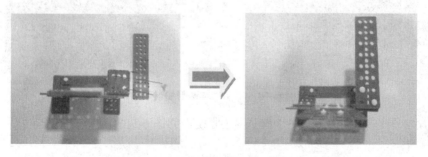

图 6-14　横梁的固定示意

2. 主板与传感器的连接

(1) 将 2 根"3P 导线"白色一端分别与高速风扇、声音检测传感器相连，将高速风扇与"数字口 3"相连，声音检测传感器与模拟口 A0 相连，最后连接电池，如图 6-15 所示。

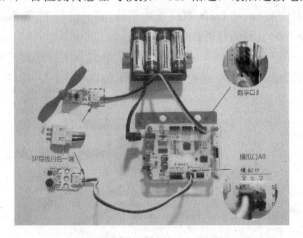

图 6-15　传感器与主板连接示意

(2) 将连接好的电路与前面搭建好的结构相连，这样我们的大风车就做好了，如图 6-16 所示。

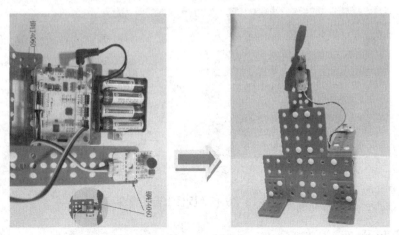

图 6-16　大风车造型示意

6.3　开启编程之旅

"大风车转转转"作品最终实现的目标是能够通过声音传感器来控制大风车角色的转动，以及通过声音传感器来控制高速风扇模块的转与停。这一目标，在编程的时候通常需要分三个步骤来实现。

(1) 软硬件连接。

(2) 编写程序。

(3) 连接调试。

6.3.1　软硬件连接

软硬件连接的具体操作步骤如下。

（1）将准备好的控制主板与 USB 数据线连接好，将另一端 USB 端口连接到电脑的 USB 端口上，确保控制板上的电源是打开的。

（2）在 Scratch CS 工作界面中，在"连接"菜单选项中勾选相应的 COM*端口，确保软件和硬件能够正常通信，不同电脑的 COM*显示的数字不同，根据电脑显示进行选择，如图 6-17 所示。

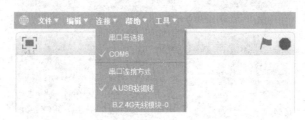

图 6-17　选择 COM*端口

（3）执行"连接"→"固件上传"命令，此时我们在软件中设置的所有程序会自动上传到控制主板中并执行，如图 6-18 所示。

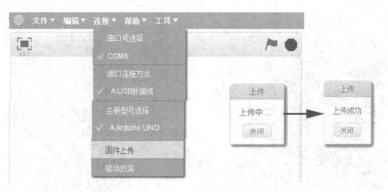

图 6-18　执行"固件上传"命令

6.3.2　编写程序

在该部分操作中，我们首先需要实现通过声音传感器控制角色"风车"的转动，然后再实现用声音控制角色"风车"的转与停，以及通过声音传感器来控制高速风扇模块的转与停。

1. 用声音传感器控制角色"风车"的转动

要用声音控制角色的运动，首先需要创建角色，然后完成声音传感器控制"角色"转动的功能。

（1）单击"文件"中的"新建项目"命令，在"新建角色"组中，单击"从本地文件中上传角色"按钮 上传角色，如图 6-19 所示。

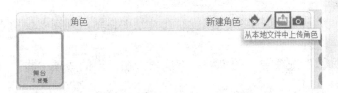

图 6-19　从本地文件中上传角色

(2) 找到本书提供的范例文件所在的文件夹，选取城堡和风车角色，再单击"打开"按钮以打开文件，如图 6-20 所示。

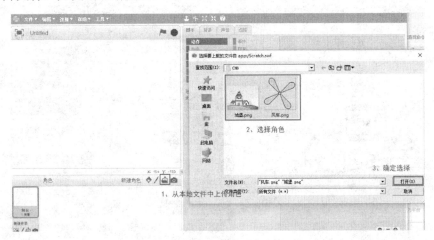

图 6-20　导入角色

小知识：导入两个角色选项后，在背景显示窗口只显示一个"城堡"角色，而"风车"角色消失不见了，这是因为按照角色的排布顺序，城堡在顶层，将风车给遮挡住了。所以我们需要用程序将角色"风车"移至最顶端，单击"外观"选项，将 移至最上层 命令拖曳到小绿旗标志下，单击小绿旗，风车就出现了，如图 6-21 所示。

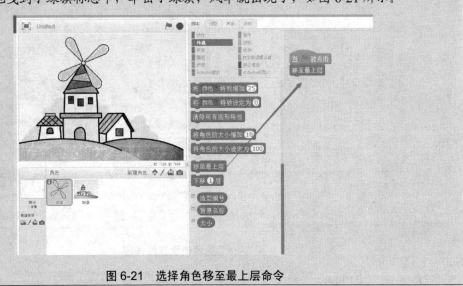

图 6-21　选择角色移至最上层命令

(3) 单击"脚本"选项卡下的"事件"选项，在出现的选项中将带有小绿旗标志的命

令模块 ![按钮] 拖曳到脚本区。如果风车没有在背景中显示，则需要使用"外观"选项中的 ![移至最上层] 命令。

（4）单击"脚本"选项卡下的"控制"选项，在出现的选项中将"重复执行"命令模块 ![图标] 拖曳到小绿旗标志下。

（5）在"动作"选项中选择 ![向右旋转 15 度] 模块，将该模块拖动到重复执行指令中，如图 6-22 所示。单击小绿旗 ![旗] ，观察角色"风车"是不是在顺时针转动，可以通过调整转动角度来控制风车的转动速度。

图 6-22　角色转动命令

（6）单击"数据"选项中的"新建变量"按钮，在弹出对话框的文本框中输入变量 voice，单击"确定"按钮。将 ![将 voice 设定为 0] 拖动到"重复执行"内，用于传递获取到的声音的大小，具体操作步骤如图 6-23 所示。

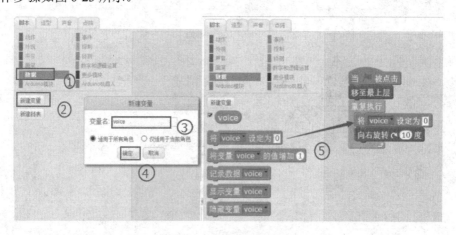

图 6-23　变量的设置操作图

（7）单击 "Arduino 模块"选项，将"声音读取模块" ![读取 声音 传感器（模拟）A 0] 拖到变量 voice 的文本框内，将变量 ![voice] 赋值给旋转角度，具体操作如图 6-24 所示。

图 6-24　声音传感器的获取

提示：单击小绿旗，对着声音传感器吹气，观察风车有没有随着吹气的力度而发生变化呢？

2. 用声音传感器控制风车的转与停

首先，让我们用自然语言描述风车的功能：初始状态是风车静止，当听到第一次声音时风车开始转动，直到听到第二次声音时风车停止转动，依次循环。

我们在制作"幸运大转盘"的时候，通过引入变量来完成"幸运大转盘"转动的功能。这里我们依然采用这种方式，比如，增加变量 k，因为变量初始值为 0，所以 k=0 时"风车"不转，当听到声音时，k 的值增加 1，"风车"开始转动。

当听到第二次声音时，k 值再增加 1，角色"风车"停止转动。具体操作如下。

(1) 当用力拍手时，声音传感器的数值会大于 50，以 50 作为有没有声音的判断条件。
依次将"控制"选项中的 ▢▢▢、"数字和逻辑运算"选项中的 ▢▢、"数据"选项中
的 ▢voice▢ 拖曳到脚本区，具体操作如图 6-25 所示。

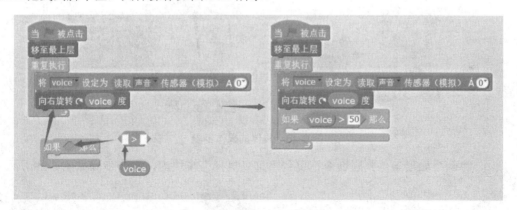

图 6-25　条件判读

(2) 单击"数据"选项中的"新建变量"按钮，在弹出对话框中的文本框中输入 k，当判断条件成立的时候，k 的值会增加 1，具体操作如图 6-26 所示。

(3) 当声音信号大于 50 时，k 的值将会增加，当 k=1 时，角色"风车"顺时针转动。k=2 时，角色"风车"停止转动，并且为了可以重复控制，需要使 k=0。具体需要的模块有
"控制"选项中的条件判断命令 ▢▢▢、"数字和逻辑运算"选项中 ▢▢▢、"数据"选项中
的 ▢将 k 设定为 0▢、"动作"选项中的 ▢向右旋转 (19 度▢，将这些模块拖曳到脚本区，如图 6-27 所示，具体的操作模块和连接方式如图 6-28 所示。

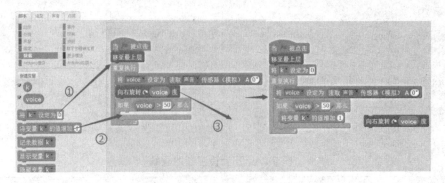

图 6-26　用声音控制变量

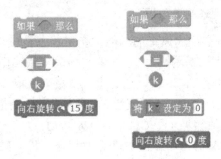

图 6-27　需要的命令模块

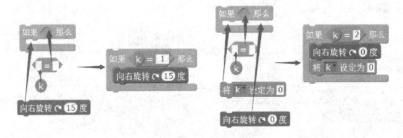

图 6-28　具体的操作步骤

(4)　将两个如果条件判断命令拖曳到"重复执行"模块内，操作步骤如图 6-29 所示。

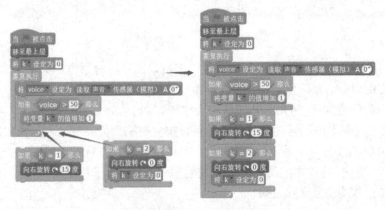

图 6-29　用声音传感器控制风车转与停

提示：单击小绿旗标志，拍一下手，观察角色"风车"是不是开始顺时针转动。当拍第二次手时，角色"风车"是不是停止转动了呢？如果跟预想的结果一样，恭喜你挑战成功了！

3. 用声音传感器控制高速风扇模块的转与停

实现了角色"风车"的转与停的控制，再实现高速风扇模块的转与停就简单得多了。因为实现角色"风车"转动的命令和实现高速风扇模块转动的命令类似，具体操作步骤如下。

(1) 单击"Arduino 模块"选项，选择 LED 灯设置模块 设置 LED灯 2 为开 ，将该模块拖曳到脚本区，如图 6-30 所示。

(2) 在"LED 灯"下拉列表中选择"风扇"选项，将端口号设置成 3，如图 6-31 所示。

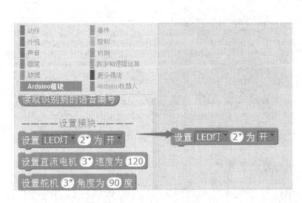

图 6-30 导入模块

图 6-31 功能选择与端口设置

(3) 移动鼠标到风扇控制模块，然后右击，在列表中选择"复制"命令，将复制出来的模块的"开"设置成"关"，如图 6-32 所示。

(4) 将风扇模块移动到指定位置，如图 6-33 所示。

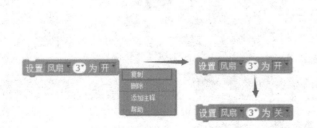

图 6-32 模块复制与风扇关闭

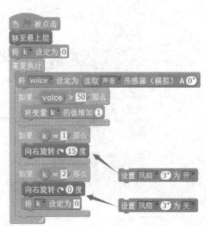

图 6-33 移动高速风扇模块

提示：单击小绿旗标志，拍一下手，观察结果是不是高速风扇模块开始转动，并且角色"风车"也开始转动。当拍第二次手时，高速风扇模块与角色"风车"同时停止转动。

6.4 知识拓展

6.4.1 如何用取余运算实现高速风扇的转与停

上面在实现高速风扇转与停的功能上，我们采用了变量增加的形式，这里我们采用一种新的方式来实现这个功能。在使用这种方式之前，首先需要明白高速风扇有两种状态，一种是转，另一种是停，而数学中有奇数和偶数之分，我们可以采用取余运算将数据分成奇数和偶数，相应的运算如图 6-34 所示。

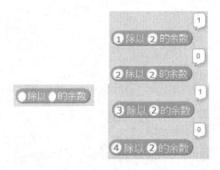

图 6-34 取余运算

根据取余运算，我们可以把条件判断归纳为 k=0 时和 k=0 时，当听到第一次声音时，k 值会增加 1，通过取余运算 k 除以 2 的余数 将变量转化为 0 和 1。

6.4.2 关于程序的编写

将程序改写成取余运算方式，具体的参考程序如图 6-35 所示。

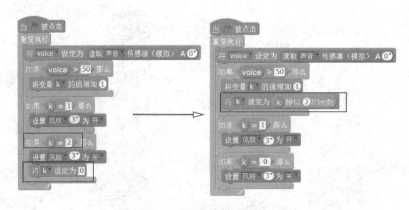

图 6-35 声音控制风扇参考程序

第 7 章　泡泡满天飞

本章将实现如何通过电脑动画来设计吹泡泡游戏。本章依然以声音传感器模块来学习新知识，通过声音传感器获取外界的声音，从而控制电脑中的吹泡泡动画。

本章主要包括以下内容。

◎　了解舞台角色的坐标系统。

◎　学习动作模块中的移动命令。

◎　能够应用造型变化设计动画效果。

◎　能够将克隆功能应用于动画设计中。

◎　掌握"数字和逻辑运算"模块的相关命令。

◎　设计吹泡泡游戏动画。

情景故事

吹泡泡是一种很流行的游戏，要想玩这个游戏需要配置泡泡液，还需要一个泡泡杆来蘸取泡泡液。当你对着泡泡杆吹气的时候，会出来一串串五彩缤纷的泡泡，图 7-1 为吹泡泡实景图，这是现实版的吹泡泡。如果用动画来实现相应的吹泡泡的功能，那么该如何做呢？

图 7-1　吹泡泡实景图

知识技能

学习如何通过电脑动画来设计吹泡泡游戏。

◎　通过声音传感器来模拟吹泡泡游戏。

◎　认识舞台、背景与坐标。

◎　学习克隆命令模块。

◎　认识移动命令模块。

软件模块

模　块	分　类	解　析
读取模拟口 A 0° 量	Arduino 模块	获取模拟传感器的信号值，其获取的数据范围为 0～1023，该模块用于模拟传感器
移到 x: 0 y: 0	"动作" 模块	将一个角色移动到指定的舞台坐标位置
在 1 秒内滑行到 x: 0 y: 0	"动作" 模块	在指定的秒数内，将一个角色移动到指定的坐标位置
克隆 自己	"控制" 模块	在相同的"坐标"内克隆一个跟角色(或其他角色)一模一样的克隆体角色。当程序停止时，克隆体会自动全部被删除
当作为克隆体启动时	"控制" 模块	当克隆体产生时，开始执行下一行指令积木
删除本克隆体	"控制" 模块	删除当前的克隆体
在 1 到 10 间随机选一个数	"数字和逻辑运算" 模块	生成指定范围内的一个随机数

7.1　知　识　准　备

为保障实践制作的顺利进行，我们首先需要准备即将使用的相关硬件，了解并提前准备是顺利使用硬件的保证；而学习使用的软件命令模块功能，是保证软件编程无障碍的前提。

7.1.1　认识硬件

在本章的学习中，我们将使用的硬件主要有 Arduino 主板模块、声音检测模块、导线、USB 数据线等。在本书选配的学习套包中拿出这些模块一起认识一下吧！如图 7-2 所示为即将使用的硬件。

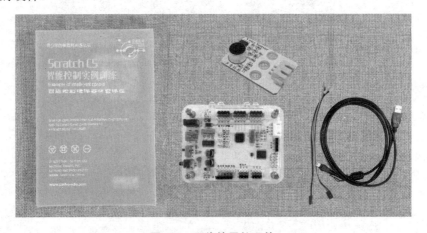

图 7-2　即将使用的硬件

7.1.2　软件功能模块学习

1. 移动命令 移到 x: -4 y: -108 与 在 1 秒内滑行到 x: 100 y: 21

角色在舞台移动时，坐标也会随着变化，我们先来认识舞台坐标。

舞台坐标用来表示角色的位置：水平方向为"X 坐标"，X 坐标轴的宽度范围为-240～240；垂直方向为"Y 坐标"，Y 坐标轴的高度范围为-180～180。正中心的坐标为(X：0，Y：0)。试着把 X 轴想象成小猫往右或者往左，Y 轴想象成往上或往下。因此往右和往上为"正数"，往左和往下都为"负数"，在舞台的右下角显示鼠标的坐标位置，可以用鼠标来确定角色的位置，如图 7-3 所示。

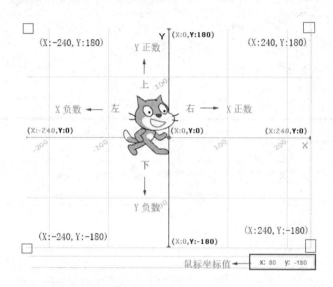

图 7-3　舞台坐标示意

角色在舞台上的移动方式包括：左右移动、上下移动、固定式移动、定时移动，移动命令的具体操作和功能如表 7-1 和表 7-2 所示。

表 7-1　左右和上下移动命令

移动方式	左右移动	上下移动
命令模块	移动 10 步 或 将x坐标增加 10	将y坐标增加 10
功能	往右移动 10 步 正数：往右移动 负数：往左移动	往上移动 10 步 正数：往上移动 负数：往下移动
范例	按左移键(←)，往左移动 按右移键(→)，往右移动 当按下 左移键 移动 -10 步　当按下 右移键 移动 10 步	按上移键(↑)，往上移动 按下移键(↓)，往下移动 当按下 上移键 将y坐标增加 10　当按下 下移键 将y坐标增加 -10

表 7-2　固定式与定时移动命令

移动方式	固定式移动	定时移动
命令模块	移到 x: 0 y: 0	在 1 秒内滑行到 x: 0 y: 0
功能	移动角色到舞台(0,0)位置	在 1 秒内移动角色到舞台(0,0)位置
范例	当按下 空格键 移到 x: 0 y: 0	当按下 空格键 在 1 秒内滑行到 x: 0 y: 180 在 1 秒内滑行到 x: 0 y: -180

2. 随机数指令模块 在 1 到 10 间随机选一个数

在"数字和逻辑运算"选项中可以选择随机数命令，该命令模块执行时，会在设定的数字之间随机选择一个数。

3. 克隆指令模块 克隆 自己 、 当作为克隆体启动时 和 删除本克隆体

它们的功能描述如表 7-3～表 7-5 所示。

表 7-3　创建克隆体命令

克隆体功能	创建克隆体
命令模块	克隆 自己
功能	在相同的"坐标"克隆一个跟角色(或其他角色)一模一样的克隆体角色，当程序停止时，克隆体会自动全部被删除
范例	当 被点击 重复执行 10 次 移动 10 步 克隆 自己
程序预览	以角色小猫为例，单击小绿旗，你会发现角色被复制出来十个

表 7-4　启动克隆体命令

克隆体功能	当克隆体产生时执行
命令模块	当作为克隆体启动时
功能	当克隆体产生时，开始执行下一行指令积木
范例	当 被点击 重复执行 10 次 克隆 自己 当作为克隆体启动时 在 1 秒内滑行到 x: 在 -240 到 240 间随机选一个数 y: 0
程序预览	以角色小猫为例，单击小绿旗，你会发现角色会没有规律地排布在一条线上

表 7-5　删除克隆体命令

克隆体功能	删除克隆体
命令模块	删除本克隆体
功能	删除角色的克隆体
范例	
程序预览	以角色小猫为例，单击小绿旗时，会出现十只小猫在移动，最后消失了 程序开始　　　　　　　　　　　　　　　　程序结束

7.2　开启编程之旅

一切准备就绪，现在起航，开始我们的编程之旅吧！

"泡泡满天飞"作品最终实现的目标是，当靠近声音传感器吹气时，角色"泡泡"会随着吹气的速度随机飘荡。要实现这一目的，我们在编程的时候通常需要分三个步骤。

(1) 软硬件连接。

(2) 编写程序。

(3) 连接调试。

7.2.1　软硬件连接

软硬件连接的具体操作步骤如下。

(1) 将准备好的控制主板与 USB 数据线连接好，将另一端 USB 端口连接到电脑的 USB 端口上，确保控制板上的电源是打开的。

(2) 在 Scratch CS 工作界面中，在"连接"菜单选项中勾选相应的 COM*端口，确保软件和硬件能够正常通信，不同电脑 COM*显示的数字不同，根据电脑显示进行选择，如图 7-4 所示。

(3) 执行"连接"→"固件上传"命令，此时我们在软件中设置的所有程序会自动上传到控制主板中并执行，如图 7-5 所示。

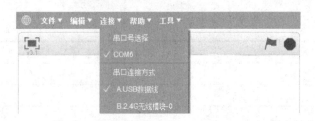

图 7-4　控制板与电脑的连接设置

图 7-5　执行"固件上传"命令

7.2.2　编写程序

在该部分操作中，我们需要的两个角色分别为泡泡和泡泡杆。当对着声音传感器吹气的时候，泡泡会随着吹气的速度随机产生。因为吹气的过程会出现很多泡泡，所以需要用到克隆体命令来完成这个任务，整个过程的实现需要分两步，首先创建角色和背景，然后实现吹泡泡动画。

1. 创建角色和背景

(1)　在"新建背景"组中，单击"从背景库中选择背景"按钮 ，选择 beach malibu，如图 7-6 所示。

图 7-6　插入舞台背景

(2)　在角色面板"新建角色"组中，单击"从本地文件中上传角色"按钮，找到本书提供的范例文件所在的文件夹，选取泡泡和泡泡杆角色，再单击"打开"按钮以打开文件，如图 7-7 所示。

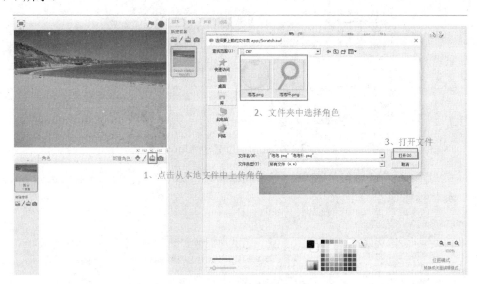

图 7-7　角色的导入

(3)　按住鼠标左键拖动角色到指定的位置，如图 7-8 所示。

图 7-8　移动角色到指定的位置

2. 设计吹泡泡动画

下面设计泡泡角色。

(1)　选择"事件"选项中的"小绿旗"模块拖曳到脚本区。

(2)　选择"控制"选项中的"重复执行"模块拖曳到小绿旗下。

(3)　每次单击"小绿旗"的时候，泡泡角色都应该回到原位置，选择"动作"选项中的移动命令模块移到 x: -31 y: -109，将该模块拖曳到每次程序执行的开始处，如图 7-9 所示。

(4)　单击"数据"选项中的"新建变量"按钮，在弹出对话框的文本框中输入 voice，单击"确定"按钮。将 将 voice 设定为 0 拖动到重复执行内，用于传递获取到的声音的大小。

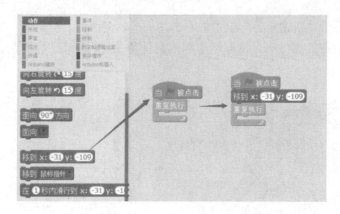

图 7-9　泡泡位置初始化

（5）　单击 "Arduino 模块" 选项，将 "读取模拟" 命令 读取模拟口 A 0 量 拖到变量 voice 的文本框内，具体操作如图 7-10 所示。

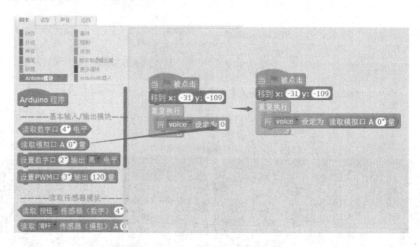

图 7-10　为声音传感器赋值

（6）　不同的声音大小对应不同的 voice 数值，靠近声音传感器时拍手，拍手所发出的声音大小大约在 100 以上，所以我们取 50 作为有无声音的判断条件。依次将 "控制" 选项中的 、"数字和逻辑运算" 选项中的 、"数据" 选项中的 voice 拖曳到脚本区，具体操作如图 7-11 所示。

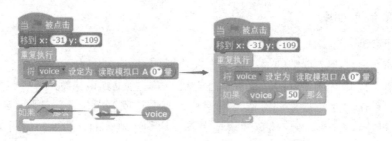

图 7-11　声音大小的逻辑判断

小知识：角色坐标(X：Y：)信息是随着角色的移动随时更新的，也可以通过将鼠标移动到角色的位置，观察舞台右下角的鼠标坐标位置来确定，但这种方式不能很精确地确定角色的位置坐标。

小知识： 读取模拟口 A 0 量 与 读取 声音 传感器（模拟）A 0 都可以获取声音传感器的数据，而 读取 声音 传感器（模拟）A 0 中的功能指示选项部分主要作用是方便读者了解该模块主要用于哪一种传感器。

（7）当声音条件满足时，需要执行克隆自己，克隆出来的泡泡应该从初始点向外扩散，扩散的方向应该是任意的，明白了这几点程序就好实现了。通过分析需要用到的模块有"控制"选项中的 克隆 自己 、 当作为克隆体启动时 ，"运动"选项中的 在 1 秒内滑行到 x: -31 y: -109 ，"数字和逻辑运算"中的 在 1 到 10 间随机选一个数 。将这些模块拖曳到脚本区，具体操作如图 7-12 所示。

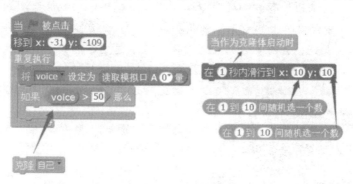

图 7-12　模块移动示意

小知识：水平方向 X 坐标轴的宽度范围为-240～240；垂直方向为"Y 坐标"，Y 坐标轴的高度范围为-180～180，根据这个信息，角色"泡泡"移动范围为整个舞台。将移动坐标范围填写在 在 1 到 10 间随机选一个数 中，最终程序如图 7-13 所示。

图 7-13　参考程序

提示：单击小绿旗运行程序，拍手时你会发现角色"泡泡"在舞台不断地增加而不会消失。想一想是不是应该给程序增添删除克隆体命令呢？

（8）单击"控制"选项，将"删除本克隆体"命令 删除本克隆体 拖曳到脚本区，如图 7-14 所示，拍手观察角色"泡泡"的变化。

图 7-14　添加删除本克隆体命令

小知识：在"侦测"选项中有"响度"命令 ，该模块命令能够检测到外界声音，这个
　　　　模块需要依赖电脑上的麦克风来获取声音，勾选响度模块前的复选框 ，可以在
　　　　舞台场景中查看当前声音响度的具体数值。通过这个命令模块我们可以替换掉声
　　　　音传感器来制作吹泡泡，参考程序如图 7-15 所示。

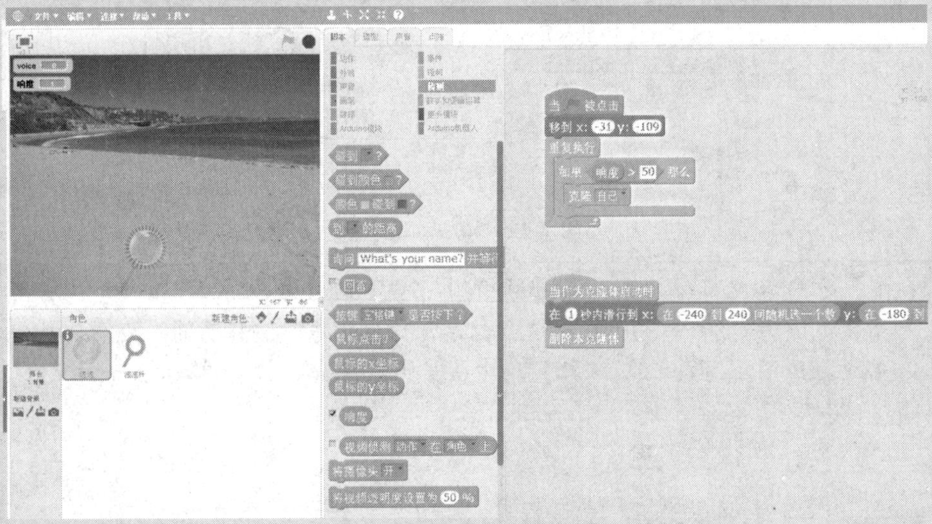

图 7-15　声音响度命令模块参考程序

7.3　知 识 拓 展

为了使吹出的泡泡更加美丽多姿，我们可以尝试变化泡泡的颜色和大小，在"外观"
选项中可以找到角色颜色和大小的设置命令，通过这些命令可以做出非常酷炫的动画效果，
现在开始尝试一下吧，参考程序如图 7-16 所示。

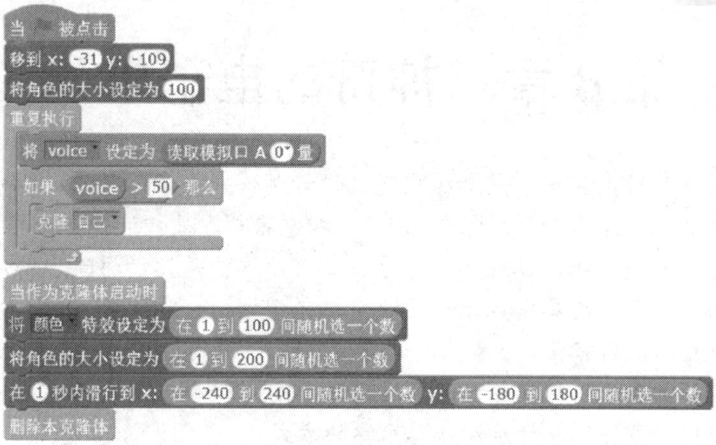

当 被点击
移到 x: -31 y: -109
将角色的大小设定为 100
重复执行
　将 voice 设定为 读取模拟口 A 0° 量
　如果 voice > 50 那么
　　克隆 自己
　
当作为克隆体启动时
将 颜色 特效设定为 在 1 到 100 间随机选一个数
将角色的大小设定为 在 1 到 200 间随机选一个数
在 1 秒内滑行到 x: 在 -240 到 240 间随机选一个数 y: 在 -180 到 180 间随机选一个数
删除本克隆体

图 7-16　参考程序

第8章 神奇的电子乐器

本章将通过电脑键盘、水果或者橡皮泥来设计制作一个不同寻常的钢琴乐器，弹奏乐器的方式包括键盘按下弹奏音符、通过 Arduino 控制器与水果相连弹奏音符。通过制作钢琴乐器学习电容值的相关知识，体验不同的导体都可以弹奏乐器的神奇，解决不能同时发出多个声音的问题，使声音效果更具有连贯性。

本章主要包括以下内容。

◎ 能够理解"声音"的弹奏、设置及播放方式。

◎ 能够应用"事件"设计启动弹奏乐器的方式。

◎ 能够用电脑键盘设计电子乐器。

◎ 掌握电容的相关知识，学会读取物体的电容值。

◎ 能够用水果设计水果乐器。

情景故事

看到郎朗在音乐大厅深情地弹奏，大家一定会感慨怎么会弹奏出这么美妙的声音呢！如此美妙的声音不光需要钢琴大师来演奏，还需要有一台好的钢琴，那么钢琴是如何制作出来的呢？本章就来学习制作电子钢琴，如图 8-1 所示。

图 8-1 钢琴乐器

知识技能

用电脑键盘、水果或者橡皮泥来设计制作一个不一样的钢琴乐器。

◎ 电子钢琴：按键盘上的 A、S、D、F、G、H、J、K 时会分别发出 Do、Re、Mi、Fa、So、La、Si、H-Do 8 个音。

◎ 水果钢琴：放置 8 个水果，触摸不同的水果时会发出不同的声音。

软件模块

模　块	分　类	解　析
读取电容值 4▾	Arduino 模块	读取电容强度，返回值体现了接触物体对地电容强度，电容越大，返回值越大
设定乐器为 1▾	"声音"模块	设置乐器的类型，系统自带 21 种乐器，可以选择自己喜欢的乐器
弹奏音符 60▾ 0.5 拍	"声音"模块	播放该模块下拉菜单中一个音符达到指定的节拍数
按键 空格键 是否按下？	"侦测"模块	判断按键有没有被按下
当按下 空格键	"控制"模块	在指定的键盘按键被按下的时候，执行附加给它的脚本

8.1　知　识　准　备

为保障实践制作的顺利进行，我们除了需要准备基本的硬件设备外，还需要准备水果或者橡皮泥等材料，作为钢琴的按键，查询相关资料了解关于电容的相关知识。

8.1.1　认识硬件

在本章的学习中，我们将使用的硬件主要有 Arduino 主板模块、杜邦线、USB 数据线等。在本书选配的学习套包中拿出这些硬件一起认识一下吧！图 8-2 所示为要使用的硬件。

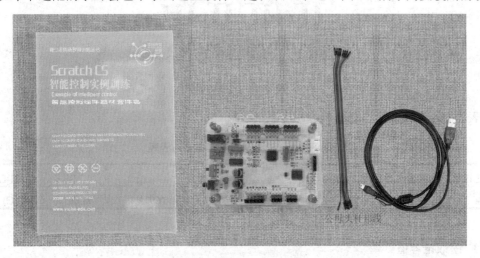

图 8-2　即将使用的硬件

8.1.2　软件功能模块学习

1. 设置乐器类型 设定乐器为 1▾

Scratch CS 系统自带 21 种乐器可供选择，系统默认的乐器类型为钢琴，单击 1 右侧的倒三角会看到可以选择的乐器类型，如图 8-3 所示。

图 8-3　弹奏乐器设置

2. 音符弹奏模块 弹奏音符 60° 0.5 拍

单击弹奏音符 60 右侧的倒三角会展开对应的钢琴按键，如图 8-4 所示，单击不同的区域会发出对应的声音。

图 8-4　钢琴按键

表 8-1 为弹奏音符与电脑按键对应表。

表 8-1　弹奏音符与电脑按键对应表

Do	Re	Mi	Fa	So	La	Si	H-Do
(60)C	(62)D	(64)E	(65)F	(67)G	(69)A	(71)B	72(C)

3. 读取电容值 读取电容值 4°

电容也称作"电容量"，是指给定电位差下的电荷储藏量，记为 C，国际单位是法拉(F)。电容是我们看不到摸不着的东西，但是可以通过 Arduino 控制器提取出这些微弱的信号，然后通过某些载体来体现它。下面给大家讲一个故事，想一下如何通过所学内容来实现。

小故事：有一天，城堡来了一位巫师，他有着神奇的法术，能将世间万物变成他的乐器，他可以把水、水果、蔬菜，甚至真人作为他弹奏乐器的载体，城堡里的人都非常吃惊，将他视为这个城堡里最厉害的音乐巫师。听到这里，你想不想也做一个这样神奇的乐器呢？

　　如果想，首先就要学会读取电容值命令模块的用法 `读取电容值 4`，该模块可以获取不同物体的电容值，比如可以测量出空气、人体、水、水果等介质的电容值，通过判断不同介质电容值的大小，从而使其发出不同的声音。

8.2　搭建水果乐器

　　制作神奇的电子乐器需要先将水果与控制板进行连接，这里我们用香蕉作为钢琴的键盘，也可以用橡皮泥或者其他可以传导的介质作键盘。下面一起制作我们的钢琴键盘吧，作品示意如图 8-5 所示。

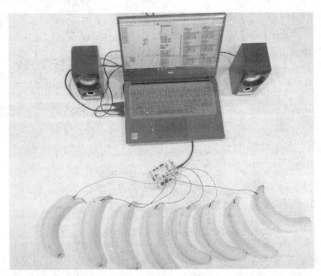

图 8-5　作品示意

8.2.1　设计制作前的准备

　　设计制作前先进行材料的准备，准备的材料有 1 个主控板，8 根公母头杜邦线，8 根香蕉或可以作为导电介质的其他材料，需要的材料如图 8-6 所示。

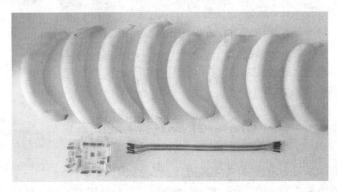

图 8-6　所需要的材料

8.2.2 操作步骤图示

1. 将控制板与杜邦线的母头进行连接

取出 8 根公母头的杜邦线，将杜邦线的母头与控制板的数字引脚 D2、D3、D4、D5、D6、D7、D8、D9 连接，连接的具体方式如图 8-7 所示。

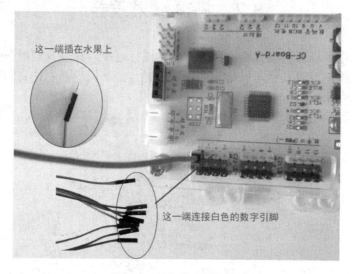

这一端插在水果上

这一端连接白色的数字引脚

图 8-7　杜邦线连接示意

2. 将杜邦线的公头与香蕉进行连接

杜邦线的公头与香蕉进行连接，如图 8-8 所示。

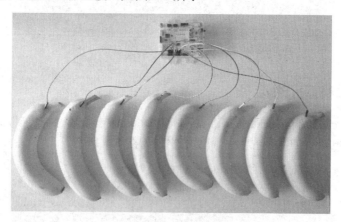

图 8-8　水果连接示意

8.3　开启编程之旅

一切准备就绪，现在起航，开始我们的编程之旅吧！

"神奇的电子乐器"作品最终实现的目标是，按电脑键盘时会发出跟钢琴一样的声音，可以通过电脑来演奏美妙的乐曲；还可以实现将身边的水果、橡皮泥、水杯等物体变为乐器，弹奏出美妙的声音。要实现这一目的，我们在编程的时候通常需要分三个步骤。

(1) 软硬件连接。

(2) 编写程序。

(3) 连接调试。

8.3.1　软硬件连接

软硬件连接的具体操作步骤如下。

(1) 将准备好的控制主板与 USB 数据线连接好，将另一端 USB 端口连接到电脑的 USB 端口上，确保控制板上的电源是打开的。

(2) 在 Scratch CS 工作界面中，在"连接"菜单选项中勾选相应的 COM 端口号，确保软件和硬件能够正常通信，如图 8-9 所示。

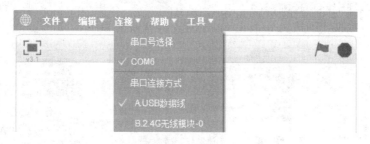

图 8-9　连接硬件

(3) 执行"连接"→"固件上传"命令，此时我们在软件中设置的所有程序会自动上传到控制主板中并执行，如图 8-10 所示。

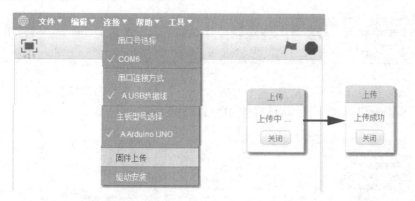

图 8-10　执行"固件上传"命令

8.3.2　编写程序

接下来进行程序的编写，我们首先需要实现用电脑按键控制钢琴发声，然后再实现弹奏水果发出不同的钢琴声音。

1. 电子钢琴的设计制作

实现的功能：当按键盘的 A、S、D、F、G、H、J、K 时会分别发出 Do、Re、Mi、Fa、So、La、Si、H-Do8 个音，键盘对应音符如表 8-2 所示。

表 8-2　弹奏音符与电脑按键对应表

音符	Do	Re	Mi	Fa	So	La	Si	H-Do
琴键	(60)C	(62)D	(64)E	(65)F	(67)G	(69)A	(71)B	72(C)
电脑按键	A	S	D	F	G	H	J	K

（1）　进行程序初始化，将"事件"中的小绿旗模块、"控制"中的"重复执行"模块、"声音"选项中的"设置乐器类型"模块拖曳到脚本区，如图 8-11 所示。

（2）　选择"控制"选项中的"条件判读"命令，判断的条件为按键有没有被按下，选择"侦测"选项中的"按键检测"命令，单击"空格键"右侧的倒三角选择对应的按键，先来实现按 A 键发出 Do 的音，操作步骤如图 8-12 所示。

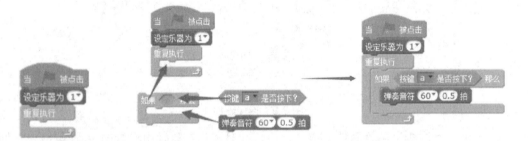

图 8-11　程序初始化　　　　　　　图 8-12　按按键 A 发出 Do 的音

注意：单击小绿旗标志，按电脑上的 A 键时若电脑不能够发出 Do 的音，一定要检查一下输入法，确认当前输入法为英文输入法。

（3）　将鼠标移至条件判断"如果……那么……"上，右击选择复制命令，通过第(2)步操作实现按 S 键发出 Re 的音，具体操作如图 8-13 所示。

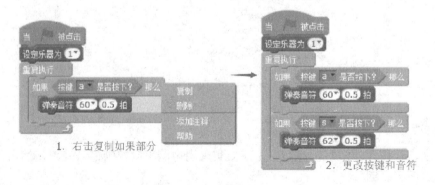

1. 右击复制如果部分　　　　2. 更改按键和音符

图 8-13　增加按键控制部分

（4）继续完成其他按键控制发出不同的钢琴声音，8 个按键的操作程序如图 8-14 所示。

2. 水果钢琴的设计制作

制作水果钢琴的前提是需要准备 8 个水果，这 8 个水果分别对应 8 个音符，公母头的杜邦线分别插在 Arduino 控制板的 D2、D3、D4、D5、D6、D7、D8、D9 数字端口上，按照发音的顺序依次排布。

（1）为了能够获取到每一个水果的信号值，需要设置 8 个变量分别保存获取到的信号值。单击"数据"选项中的新建命令，在文本框中分别输入 A1、A2、A3、A4、A5、A6、A7、A8 变量，具体操作如图 8-15 所示。

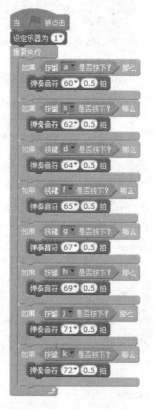

图 8-14　电子钢琴

图 8-15　新建 8 个变量

> **小知识**：新建的 8 个变量与 8 个钢琴声音是一一对应的，分别用于保存 8 个不同的电容值。

（2）将新建的 8 个变量 分别拖曳到重复执行内，将变量名依次更改为 A1～A8，如图 8-16 所示。

（3）将"Arduino 模块"中的"读取电容值"模块，依次拖曳到 8 个变量的文本框中，更改端口号与连接引脚相对应，如图 8-17 所示。

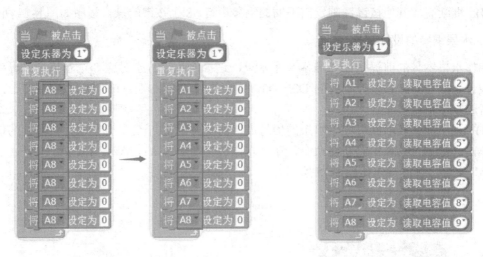

图 8-16　更改变量名　　　　　　　　　图 8-17　读取对应的电容值

小知识：单击小绿旗标志，在舞台区观察 8 个变量的值，你会发现不同端口的值是不相同的，当前测量出的电容值为空气的电容值。

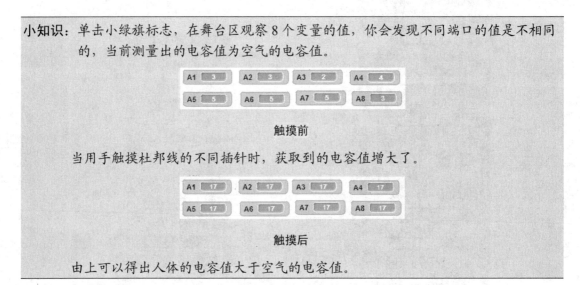

触摸前

当用手触摸杜邦线的不同插针时，获取到的电容值增大了。

触摸后

由上可以得出人体的电容值大于空气的电容值。

　　想一想：通过小知识的内容思考如何实现当我触摸不同水果的时候会发出不同的声音呢？

　　结论：触摸水果会发出声音的关键是，触摸前和触摸后的电容值发生了变化，电容值变大了，从变大的这个范围内我们选取一个值，当电容值大于你选取的这个值说明已经触摸到了水果。

　　(4) 通过以上的分析不难想出，需要用到的程序模块有"控制"选项中的条件判断、"数字和逻辑运算"中的、"声音"选项中的弹奏音符 60▾ 0.5 拍、"数据"选项中的变量 A1，我们设置有无碰到水果的判断数值为 10，进行组合如图 8-18 所示。

　　(5) 通过上面的方法再将其他 7 个钢琴声音设置出来，比较简单的方式是，将鼠标移动到"如果……那么……"上，右击选择复制，更改相应的参数来完成，参考程序如图 8-19 所示。

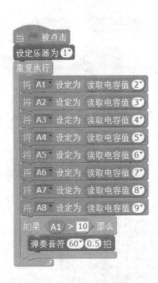

图 8-18 水果乐器参考程序   图 8-19 水果钢琴参考程序

提示：单击小绿旗标志，用手触摸连接在 D2 端口上的水果，若电脑发出 Do 的音则说明成功了。如果没有声音，那么检查一下触摸的水果是不是连接在 D2 端口上，或者程序的判断条件是否正确。

单击小绿旗标志，用手触摸不同的水果看能否发出不同的钢琴声音，如果不能够发出声音检查连接的端口，查看数值的对比数据是不是合理，COM 端口有没有连接等，如果能够发出不同的声音，开始你们的演奏吧！

8.4 知 识 拓 展

8.4.1 电子钢琴新的设计方法

弹奏真实的钢琴时，同时按多个钢琴按键会发出不同的钢琴声音，而在前面的程序中，你按多个按键的时候，声音是按照编写程序的顺序依次发声的，这就与真实的钢琴不相符了。为了解决这个问题，我们要用到新的模块命令 当按下 空格键，表示当设定的按键被按下时会执行紧接着的程序，具体操作如下。

(1) 在"事件"选项中选择 当按下 空格键，单击"空格键"右侧的倒三角，选择需要设置的按键，将对应的钢琴声音添加在模块下方，如图 8-20 所示。

图 8-20 按键控制发声

(2) 通过上面的方法增加其他 7 个钢琴声音，如图 8-21 所示。

图 8-21　多按键控制发声

8.4.2　多个程序同时运行

如果要使水果乐器按多个按键发出多个声音，如何来实现呢？我们可以将不同的水果电容检测拆分开，参考程序如图 8-22 所示。

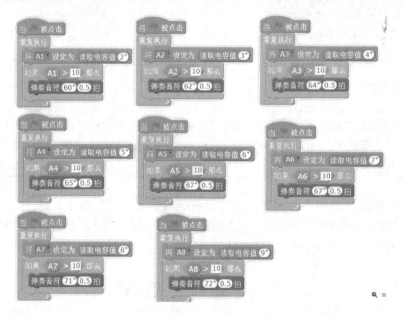

图 8-22　多程序同时运行

提示：因为 Scratch CS 软件支持多命令同时运行，多个重复执行命令是同时进行的，不存在先后顺序，所以可以同时发出多个声音。

第9章　家居中的智能风扇

本章将通过获取模拟传感器的值来控制高速风扇模块的转动速度，进一步学习电机控制模块，掌握如何控制电机的转动速度。本章最后在动画中设计一个可以通过旋钮来控制转动速度的大风车，掌握角色的动态变化效果。

本章主要包括以下内容。

◎　掌握旋钮传感器的使用方法和旋钮传感器数据的获取命令。

◎　学习控制风扇模块的转动速度的命令。

◎　能够实现用旋钮控制角色的变大与变小。

◎　实现用旋钮控制高速风扇的速度。

◎　设计制作一个用旋钮控制大风车转动的动画。

情景故事

风扇是我们生活中常见的家用电器，控制风扇的速度一般有两种方式，一种是通过按钮来控制风扇的速度，另一种是通过旋转控制风扇的速度。本章将实现通过旋钮控制风扇速度，如图 9-1 所示。

图 9-1　旋钮控制风扇

知识技能

通过旋钮控制高速风扇模块的转动速度。

◎　旋钮控制角色的变化：通过转动旋钮模块控制角色变大与变小。

◎　旋钮控制转动速度：转动旋钮模块改变高速风扇模块的转动速度。

软件模块

模　块	分　类	解　析
读取 旋钮 传感器（模拟）A 0	Arduino 模块	获取旋钮、滑杆、光线、热敏、声音、水位、土壤湿度、灰度、火焰、有害气体等传感器的模拟值
设置 风扇 2 为 开	Arduino 模块	设置风扇模块的开启与关闭，还可以控制蜂鸣器、激光头、风扇等模块的开启与关闭，数据端口取值范围为 2 到 13 之间的整数
设置直流电机 3 速度为 120	Arduino 模块	设置直流电机的转速为120。数据端口的取值为3、5、6、9、11，转速范围为0～255
将角色的大小设定为 100	"外观"模块	将一个角色的大小设定为其最初大小的一个百分比
○×○	数字和逻辑运算	将两个数字相乘并得到一个结果
○/○	数字和逻辑运算	用一个数字除以另一个数字并返回结果

9.1　知　识　准　备

为保障实践制作的顺利进行，我们首先需要准备即将使用的相关硬件，了解每一个硬件的基本使用方法，查阅相关资料了解风扇的控制原理与控制方法。

9.1.1　认识硬件

在本课的学习中，我们将使用的硬件主要有 Arduino 主板模块、旋钮模块、高速风扇模块、导线、USB 数据线等。在本书选配的学习套包中拿出这些模块一起认识一下吧！图 9-2 所示为使用的硬件。

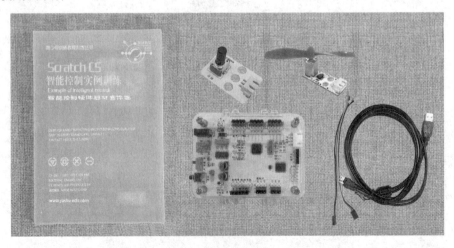

图 9-2　即将使用的硬件

9.1.2 软件功能模块学习

1. 旋钮传感器数据的获取命令 读取 旋钮 传感器（模拟） A 0°

旋钮传感器为模拟传感器，获取模拟传感器的数据只有两种命令模块，分别是 读取模拟口 A 0° 量 和 读取 旋钮 传感器（模拟） A 0°。这两个模块没有本质性的区别，主要的区别在于后者添加了模块标识用于标记当前所用的传感器模块，对于初学者更容易理解，而前者适用于所有的模拟传感器。

> **小技巧**：获取模拟传感器数据的常用方法有两种，一种为设置变量的方法，首先设置变量 voltage(可以自己定义)，将模拟传感器获取的数据传递给 voltage，如图 9-3 左图所示；另一种方式通过角色说话的形式，如图 9-3 右图所示。

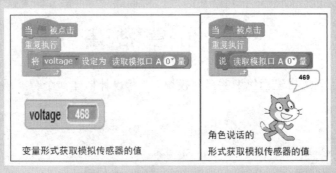

图 9-3　获取模拟传感器值的形式

2. 控制风扇模块转动速度的命令 设置PWM口 3° 输出 120 量 和 设置直流电机 3° 速度为 120

控制风扇模块转动速度的命令有两个，这两个模块的使用方法是一样的，都是通过 PWM 的输出量来控制电机的速度，可以根据自己的习惯来使用，需要注意的是，PWM 的输出量的范围为 0～255，如图 9-4 所示。

图 9-4　控制电机速度的两种参考程序

3. 控制角色的大小命令 将角色的大小设定为 100 与 将角色的大小增加 10

有时可能需要在程序中控制角色大小，例如，在某个场景中把角色放大显得离屏幕更近。

放大或者缩小角色使用积木"将角色的大小设定为"或"将角色的大小增加"。前者的参数是，一个百分比，100 为原始大小；后者根据角色当前的大小进行变化，使用这个模块，可以实现逐渐增加或者减小一个角色的大小。图 9-5 所示为两个模块的应用例子。

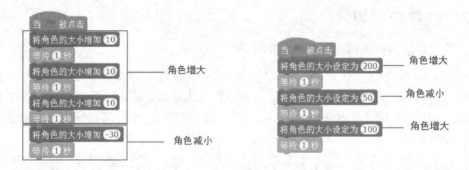

图 9-5　角色大小的控制命令实例

9.2　创 意 搭 建

现在我们使用创意搭建套包中的搭建模块，一起设计搭建一个智能风扇吧。图 9-6 所示为搭建方案示意。

正面图

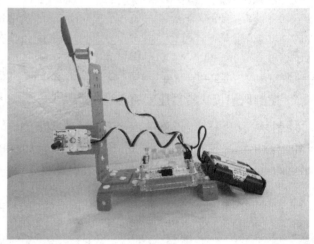

侧面图

图 9-6　创意搭建示意

9.2.1　搭建前的准备

搭建开始之前先准备材料，准备的材料有 1 个主控板，1 个高速风扇，1 个旋钮、2 根 3P 导线，4 节 5 号电池，4050、4060 铆钉若干，1 个电池盒，1 个铆钉起及各种类型的拼接板，如图 9-7 所示。

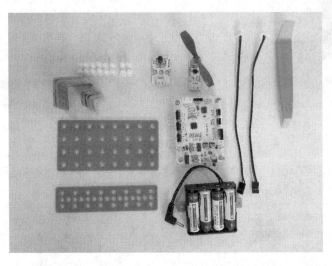

图 9-7　材料准备

9.2.2　搭建步骤图示

1. 创意搭建过程

(1)　取出 4 个"直角支架 1-1"和 4 个"铆钉 4060"，按图示连接底座，如图 9-8 所示。

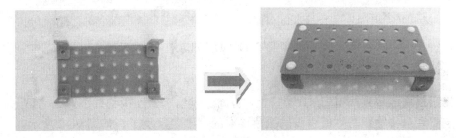

图 9-8　底座连接示意

(2)　将 1 个"直角支架 3-3"用 2 个"铆钉 4060"按图示连接固定在底座上，如图 9-9 所示。

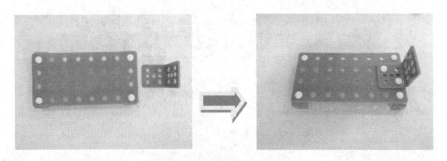

图 9-9　直角支架连接示意

(3)　将 1 个"梁 B-8"用"铆钉 4060"与"直角支架 3-3"按图所示进行连接固定，如图 9-10 所示。

图 9-10　梁的连接

(4) 用 2 个 "铆钉 4060" 将 "直角支架 3-3" 固定在 "梁 B-8" 的后面，位置从下往上数第 5 行到第 7 行，如图 9-11 所示。

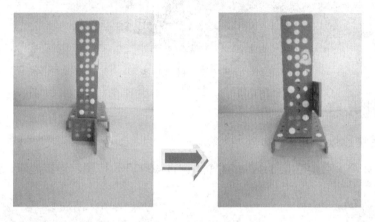

图 9-11　梁的固定

2. 控制板与传感器的连接

将旋钮模块连接到模拟口 A0 端口上，将高速风扇感器连接到数字口 3 端口上，连接的时候一定要注意传输线与主板引脚的颜色要对应，不要插反了，如图 9-12 所示。

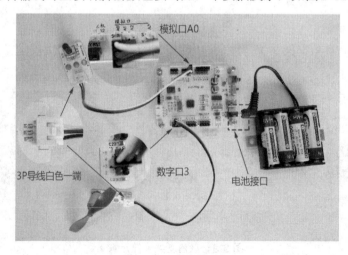

图 9-12　线连接示意

用 4 个"铆钉 4050"将高速风扇和旋钮固定，用 2 个"铆钉 4060"将控制板固定，如图 9-13 所示。

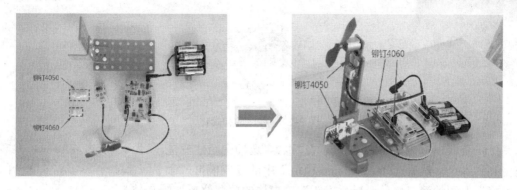

图 9-13　控制板固定示意

9.3　开启编程之旅

一切准备就绪，现在起航，开始我们的编程之旅吧！

"家居中的智能风扇"作品最终实现的目标是，通过旋钮控制风扇的转速。当旋钮模块顺时针转动时，风扇速度会越来越快；当逆时针转动时，风扇模块会越来越慢。要实现这一目的，我们在编程的时候通常需要分三个步骤。

(1) 软硬件连接。

(2) 编写程序。

(3) 连接调试。

9.3.1　软硬件连接

软硬件连接的具体操作步骤如下。

(1) 将准备好的控制主板与其电源线连接好，将电源的另一端 USB 端口连接到电脑的 USB 端口上，打开 USB 的电源。

(2) 在 Scratch CS 工作界面中，执行"连接"→COM*命令，*表示电脑 USB 端口的序号，插入到电脑不同的 USB 端口上，这个*显示的数字不同，根据电脑显示进行选择。

(3) 执行"连接"→"固件上传"命令，此时我们在软件中设置的所有程序会自动上传到控制主板中并执行。

9.3.2　编写程序

在该部分操作中，我们首先需要实现获取旋钮传感器的数据，通过旋钮的信号大小控制角色大小；然后实现旋钮对高速风扇的控制，顺时针风扇的速度越来越快，逆时针风扇速度越来越慢；最后实现风扇的脱机运行。

1. 用旋钮控制角色的变大与变小

实现的功能是，当顺时针转动旋钮时，角色慢慢变大；当逆时针转动旋钮时，角色慢慢变小。具体操作如下。

(1) 将"事件"中的  、"控制"中的"重复执行"拖曳到脚本区，如图 9-14 所示。

图 9-14　程序的初始化

(2) 获取模拟传感器的信号值，在"数据"选项中新建变量，名为 voltage，将 拖曳到脚本区，然后选择"Arduino 模块"中的读取模拟口命令 ，单击"滑杆"右侧的倒三角，选择"旋钮"，模块的放置位置如图 9-15 所示。

图 9-15　获取旋钮传感器的值

(3) 控制的角色可以选择小猫，也可以选择其他角色。在"外观"选项中选择角色大小设置命令 ，将该命令拖曳到重复执行内，将旋钮获取到的模拟信号值传递给角色大小设置命令，具体操作如图 9-16 所示。

图 9-16　获取旋钮传感器的值

试一试：在"外观"选项中的最下端有显示角色大小的模块 ，在方块中打钩 将会在舞台区域显示角色的当前大小，通过旋转旋钮观察角色大小的变化，变化显示如图 9-17 所示。

图 9-17　旋钮控制角色的变化

2. 用旋钮控制高速风扇的转速

要实现的功能为，当旋钮顺时针转动时风扇速度变快，逆时针转动时速度变慢。要想实现这个功能，需要理解如何将模拟变量的值转化成 PWM 波输出。因为模拟传感器信号的范围为 0～1023，而 PWM 的输出范围为 0～255，所以我们需要将旋钮输出的 0～1023 映射到 0～255，具体操作如下。

(1) 将"Arduino 模块"中控制直流电机速度的模块 `设置直流电机 3 速度为 120` 拖曳到重复执行内，如图 9-18 所示。

图 9-18　直流电机模块的使用

(2) 选择"数据"中的变量 `voltage`，将该变量拖曳到脚本区，然后将"数字和逻辑运算"中的 `/` 和 `*` 拖曳到脚本区，具体连接方式如图 9-19 所示。

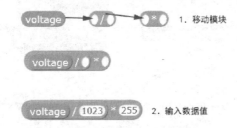

图 9-19　数据的映射

知识加油站：旋钮传感器的映射需要理解以下几种运算关系

`voltage / 1023`：因为旋钮传感器输出的范围为 0～1023，所以该运算数据的返回值的取值范围为 $0 \leqslant$ `voltage / 1023` $\leqslant 1$。

`voltage / 1023 * 255`：由上面分析 `voltage / 1023` 的取值范围为 0～1，所以 `voltage / 1023 * 255` 的取值范围为 $0 \leqslant$ `voltage / 1023 * 255` $\leqslant 255$。那么旋钮输出数据越大，风扇的转速也会越快。

(3) 将 `voltage / 1023 * 255` 拖动到直流电机的速度变量中，如图 9-20 所示。转动旋钮传感器观察风扇模块的转速。

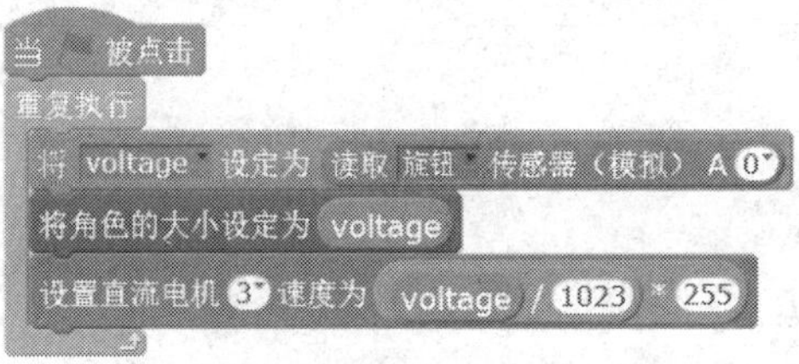

图 9-20　旋钮控制风扇的转速

3. 程序的脱机运行

现在编写的程序若要运行，都需要将 USB 线连接到控制板和电脑上，一旦脱离电脑，程序就无法运行了，那么如何实现脱机运行呢？

（1）将程序中的  替换成 "Arduino 模块" 中的  ，具体操作如图 9-21 所示。

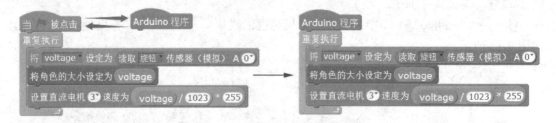

图 9-21 脱机运行 Arduino 程序示意

（2）将鼠标移动到 "Arduino 程序" 上，右击选择 "上传到 arduino" 命令，将会弹出 "无法支持该模块，请移除" 对话框，这是因为不是每个命令都可以离线下载到控制器里的，需要将控制角色大小的命令移除，如图 9-22 所示。

图 9-22 程序的脱机运行

提示：确保已经连接好 COM* 的情况下，右击选择 "上传到 arduino" 命令，会出现如图 9-23 所示的对话框。当程序上传成功后，将 USB 连接线断开，你会发现程序依然可以正常运行。

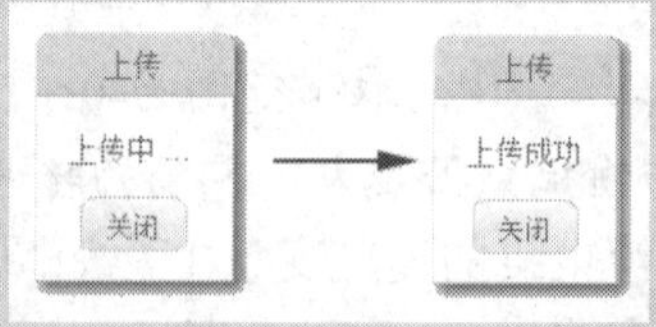

图 9-23 程序上传对话框

9.4 知识拓展

旋钮控制大风车转动

还记得前面做过的 "大风车转转转" 吗？那时候我们设计了一个可以通过声音控制的

"风车"角色，那么能不能用本章所学的知识，设计制作一个用旋钮控制大风车转动的动画吗？

在风车的程序中可以使用旋转命令来控制风车旋转得快慢，假定把风车每次旋转的角度变化范围设置为 0°～50°，则只要把旋钮的值从 0～1023 映射到 0～50 就可以了，具体操作如下。

(1) 找到本书提供的范例文件所在的文件夹，选取城堡和风车角色，再单击"打开"按钮以打开文件，如图 9-24 所示。

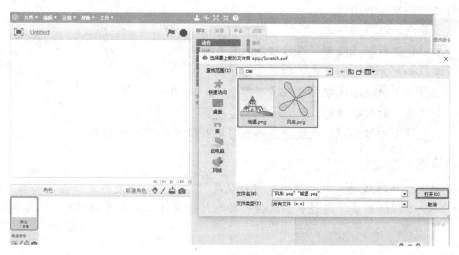

图 9-24　导入角色

(2) 调整角色的位置，选择"风车"角色，给"风车"编写程序，如图 9-25 所示。

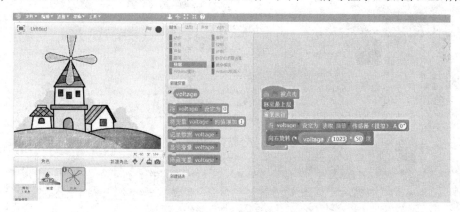

图 9-25　风车运动的参考程序

提示：转动旋钮传感器观察风车转动速度的变化。

第10章 "超级玛丽"游戏

本章将制作一个"超级玛丽"游戏，通过电脑按键和硬件按钮控制角色弹跳来躲避障碍物。

为了更好地掌握智能硬件部分，本案例将电脑按键替换成了硬件按钮和光敏传感器，使整个游戏动画更富有活力。

本章主要包括以下内容。

◎ 学习侦测命令，检测有没有碰到黑色。

◎ 学习如何为舞台和角色添加背景音乐。

◎ 学习如何通过本地电脑插入多个角色。

◎ 实现角色的弹跳功能。

◎ 通过两个按键和一个光线传感器代替电脑键盘实现控制功能。

情景故事

大家都玩过"超级玛丽"游戏吧！游戏角色可以高高地跳起躲避一些障碍物，我们可以尝试做一款类似的游戏，通过电脑按键和按钮控制角色弹跳来躲避障碍物，如图10-1所示。

图10-1 "超级玛丽"游戏

知识技能

用按钮模块控制角色弹跳躲避障碍物，主要涉及的内容如下。

◎ 侦测颜色：检测有没有碰到黑色。

◎ 角色的移动：控制角色进行左右移动。

◎ 添加声音：给角色添加游戏的声音。

软件模块

模　块	分　类	解　析
读取数字口 4▼ 电平	Arduino 模块	读取数字口信号，高电平返回 1，低电平返回 0(数字口：D0～D13)；可直接作为判断条件使用，返回值为 1 表示真，返回值为 0 表示假
读取 按钮 传感器 (数字) 4▼	Arduino 模块	读取数字类传感器的值(数字类器件包括：按键、雨滴、干簧管、霍尔、人体红外、红外避障、倾斜开关等)
读取 光线 传感器 (模拟) A 0▼	Arduino 模块	这个模块可用来对周围环境光的亮度进行检测。获取的信号范围为 0～1024，光照越强数值越大
如果 那么	控制模块	该模块是条件判断模块，如果满足条件，那么执行被包住的程序。 语义：如果条件满足即值为真(1 或 HIGH)，则执行模块里面的语句，否则不执行该语句
新建变量 ☑ height 将 height 设定为 0 将变量 height 的值增加 1 记录数据 height 显示变量 height 隐藏变量 height	数据	设置一个变量，然后对变量进行赋值。当改变这个变量时，整个程序中的变量都随之改变
碰到颜色 ?	侦测	检测有没有碰到指定的颜色，如果碰到指定的颜色，输出结果为真。将鼠标指针移动到颜色方块内，单击左键之后选择软件界面对应的颜色，小方块中的颜色就会变成所单击的颜色
移到 x: -96 y: -27	动作模块	在舞台上移动到指定的位置

10.1　知　识　准　备

为了更好地制作"超级玛丽"游戏，需要对"超级玛丽"游戏的基本操作有一定的了解，并且知道"超级玛丽"游戏的规则。

10.1.1　认识硬件

在本章的学习中，我们将使用的硬件主要有 Arduino 主板模块、按钮模块、光线传感器、导线、USB 数据线等。在本书选配的学习套包中拿出这些模块一起认识一下吧！图 10-2 所示为即将使用的硬件。

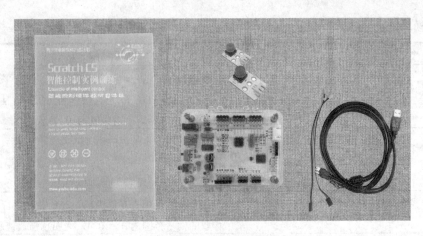

图 10-2　即将使用的硬件

按钮，也称为按键，是一种常用的控制电器元件，常用来接通或断开控制电路，从而达到控制电动机或其他电气设备运行的目的。按钮模块主要由按键、集成电路板和插槽三部分组成，如图 10-3 所示。

图 10-3　按钮模块

10.1.2　软件功能模块学习

在桌面上双击 图标，开启 Scratch CS 软件。本章涉及的主要命令功能模块如下。

1. 获取按钮模块的状态 读取 按钮 ▼ 传感器（数字） 4 ▼

在 Scratch CS 工作界面的"脚本"选项卡内的"Arduino 模块"选项中，我们可以找到读取按钮状态的命令模块 读取 按钮 ▼ 传感器（数字） 4 ▼，该命令模块由两部分组成，分别是功能指示选项和数据端口选项，如图 10-4 所示。

图 10-4　LED 开关功能模块

在功能指示选项中，用鼠标单击"按钮"右侧的倒三角，可以看到这个功能模块不但可以选择按钮，还可以选择雨滴、干簧管、霍尔、人体、红外避障、倾斜开关、触碰开关；

在数据端口选项中，使用者可以根据导线所插的端口确定数字号，图 10-5 所示为展开的选项。

图 10-5 展开的读取按钮模块的选项

注意：读取按钮模块中的"数据端口选项"中的参数不是随意设定的，该参数的取值范围为 2 到 13 之间的整数，导线一定要与控制板上的信号端口相对应。

2. 读取数字信号端口的状态

该模块与 实现的功能是一样的，可以获取按钮传感器的状态，该模块适用于所有的数字传感器。

3. 颜色侦测模块

在"侦测"选项中我们可以找到侦测颜色的命令模块 ，用于判断角色有没有碰到绿色。如何更改颜色选项呢？在模块上代表颜色的小方框 中单击一下，鼠标指针会变成手指形状。当手指移动时，积木后面的颜色也会随之变化。只要移动鼠标到整个软件界面某个颜色上单击，小方块中的颜色就会变成单击选择的颜色。

4. 移动命令

舞台区右下角的两个数字，一个对应 x 坐标，一个对应 y 坐标，该坐标表示当前光标所在的位置。将该坐标填入到"移动命令"的 x 和 y 文本框中，则当程序执行后，对象会移动到相应的 x、y 坐标位置，鼠标位置坐标显示如图 10-6 所示。

图 10-6 鼠标位置坐标显示

提示： 鼠标在舞台区移动时，坐标值也会随着变化。

10.2 创意搭建

现在我们使用创意搭建套包中的搭建模块，一起设计一个游戏手柄。图 10-7 所示为搭建方案示意。

图 10-7 搭建示意

10.2.1 搭建前的准备

搭建开始之前先准备材料，准备的材料有 1 个主控板，1 个光线传感器，2 个按钮模块，3 根 3P 导线，4050、4060 铆钉若干，1 个铆钉起及各种类型拼接板，如图 10-8 所示。

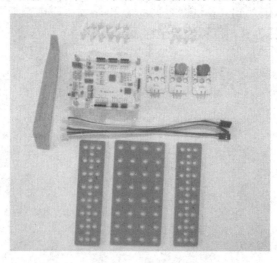

图 10-8 材料示意

10.2.2 搭建步骤图示

1. 创意搭建过程

取出 1 个"连接片 4×8"、2 个"梁 B-8"、8 个"铆钉 4060",按图 10-9 所示进行连接。

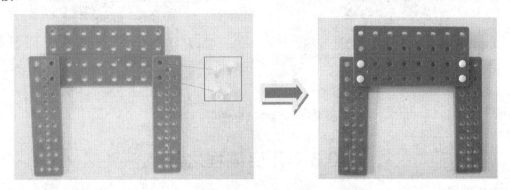

图 10-9　连接示意

2. 智能硬件的连接

将红色按钮连接到数字口 D2 端口上,绿色按钮连接到数字口 D3 端口上。将光线传感器连接到模拟口 A0 端口上,连接的时候一定要注意传输线与主板引脚的颜色要对应,如图 10-10 所示。

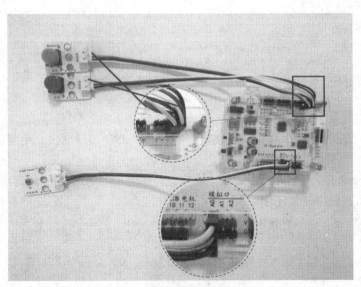

图 10-10　线连接示意

将控制板与游戏手柄连接到一起,具体操作如图 10-11 所示。

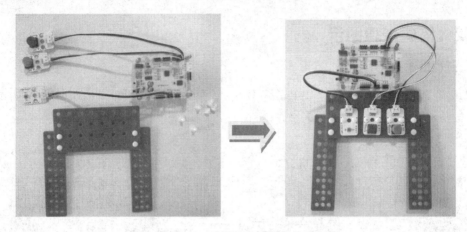

图 10-11 控制板与结构的连接

10.3 开启编程之旅

一切准备就绪，现在起航，开始我们的编程之旅吧！

"超级玛丽"作品最终实现的目标是，能够用电脑控制"超级玛丽"角色弹跳躲避障碍物，以及通过电脑左右移动按键来控制超级玛丽的移动。实现了这些基本功能之后，将电脑按键换成智能硬件的按钮和光线传感器，通过智能硬件实现"超级玛丽"的弹跳和移动功能。要实现这一目的，我们在编程的时候通常需要分三个步骤。

(1) 软硬件连接。

(2) 编写程序。

(3) 连接调试。

10.3.1 软硬件连接

软硬件连接的具体操作步骤如下。

(1) 将控制主板与 USB 数据线连接好，将另一端 USB 端口连接到电脑的 USB 端口上，确保控制板上的电源是打开的。

(2) 在 Scratch CS 工作界面中，在"连接"菜单选项中勾选相应的 COM 端口，确保软件和硬件能够正常通信，如图 10-12 所示。

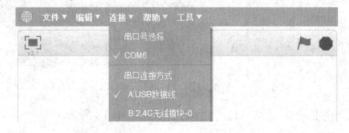

图 10-12 连接硬件

(3) 执行"连接"→"固件上传"命令，此时我们在软件中设置的所有程序会自动上传到控制主板中并执行，如图 10-13 所示。

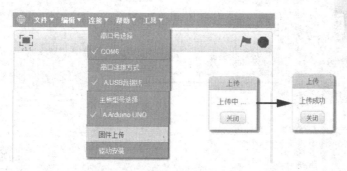

图 10-13　执行"固件上传"命令

10.3.2　编写程序

在该部分操作中，我们首先需要导入"超级玛丽"的角色和背景，这是制作游戏动画的基础，然后实现用电脑按键控制"超级玛丽"的弹跳运动和左右移动，最后实现用智能硬件按钮和光线传感器控制"超级玛丽"的运动。

1. 背景和角色的导入

进入 Scratch CS 工作界面，给游戏动画添加角色和背景，添加角色的方式有四种 ，分别是从角色库中选择、绘制新角色、从本地文件中上传角色、拍摄照片当作角色。这四种添加方式都是添加新的角色，如果我们想在一个角色中添加不同的动作，可以选择对应的角色后单击 "造型"标签，然后再选择需要添加的角色，如图 10-14 所示。

图 10-14　添加角色示意

(1) 找到本书提供的范例文件所在的文件夹，选取"超级玛丽"角色，再单击"打开"按钮以打开文件，如图 10-15 所示。

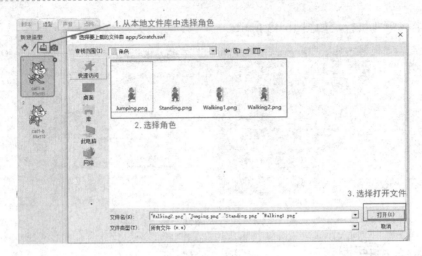

图 10-15　导入角色

(2)　不需要的角色可以单击右上角的⊗按钮删除，如图 10-16 所示。

图 10-16　删除不需要的角色

　　添加背景时，在"新建背景"组中，单击"从本地文件中上传背景"按钮 。

　　找到本书提供的范例文件所在的文件夹，选取相应的舞台背景，再单击"打开"按钮以打开文件，这里我们选择 A Teach1 作为主背景，如图 10-17 所示。

2. 设计动画

　　首先需要实现"超级玛丽"的初始化，就是程序一开始"超级玛丽"出现的位置和状态；然后实现按电脑的左移与右移键时"超级玛丽"向左和向右移动；再实现按空格键时"超级玛丽"的弹跳运动。

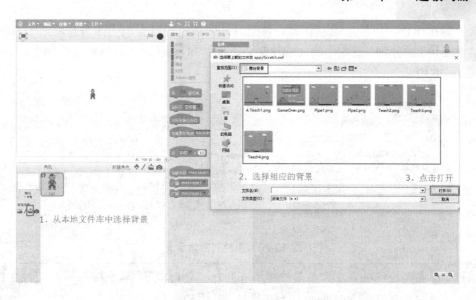

图 10-17　设置背景

(1) 选择"超级玛丽"角色，然后单击"脚本"标签切换到编程界面。将"事件"中的 █████、"控制"选项中的 █████ 模块拖曳到脚本区，如图 10-18 所示。

图 10-18　功能模块的连接

(2) 将鼠标移动到舞台角色上，单击鼠标左键拖动角色到舞台的左侧，角色位置确定好之后，将"动作"选项中的移动命令 █████ 拖至小绿旗的下方，该命令模块的坐标信息与角色当前所在位置是同步的，当移动角色时对应的数值也会随之更新，如图 10-19 所示。

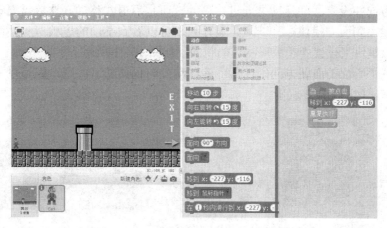

图 10-19　移动角色到舞台适宜位置

(3)　现在实现按电脑上的左移和右移键时，"超级玛丽"也会跟着左移或者右移，这个功能需要用到"侦测"选项中的按键检测命令 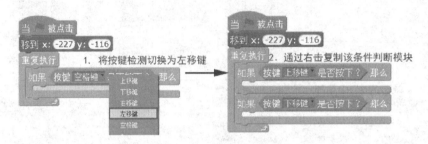 和条件判断命令 ，具体操作如图 10-20 所示。

图 10-20　条件判断命令

小知识：可以实现超级玛丽左右移动的模块有两种，分别为 和 ，表 10-1 列出了参数和功能以及案例的效果对照。

表 10-1　参数和功能以及案例的效果对照

命令模块	移动 10 步	将x坐标增加 10
功能	往右移动 10 步 正数：往右移动 负数：往左移动	X 坐标增加 10 正数：往右移动 负数：往左移动
范例	按左移键(←)，往左移动 按右移键(→)，往右移动	按左移键(←)，往左移动 按右移键(→)，往右移动

(4)　通过单击鼠标左移键和右移键，角色会随之左右移动，在移动过程中你会发现，角色有一个方向并没有面朝运动方向进行移动，而是后退式移动。这就需要设置角色的面朝方向，需要用到面向模块 ，展开列表可以看到不同的度数对应不同的方向，我们可以使用该模块来设置"超级玛丽"的朝向，如图 10-21 所示。

(5)　设置了角色的面朝方向的，角色的移动方向也会随着改变，编写以下程序观察角色的运动状态，如图 10-22 所示。

图 10-21　方向设置

图 10-22　方向与移动设置

（6）当按下左键或者右键的时候，你会发现一个问题，就是角色会倒转过来运动。这是因为角色的旋转模式没有设置的原因，我们需要将旋转模式设置成水平模式，具体操作如图 10-23 所示。

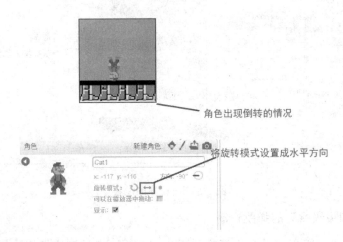

图 10-23　设置旋转模式

（7）通过图 10-20 下面的小知识内容可以得知需要设置角色的旋转模式，给程序添加移动方向和移动命令，参考程序如图 10-24 所示。

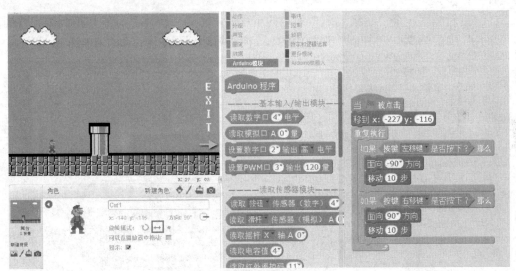

图 10-24　角色程序参考

（8）在角色移动的过程中，角色会有相应的脚步移动的动作。因为动作的切换需要时间，这样会对程序造成影响，所以角色运动状态的切换需要单独的程序来实现，具体操作如图 10-25 所示。

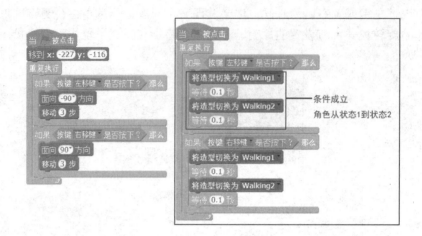

图 10-25　程序的设置

3. 实现"超级玛丽"的弹跳运动

按空格键时"超级玛丽"会进行弹跳运动，但要注意只有"超级玛丽"接触到地面的时候按空格键才会实现弹跳，在高空按空格键是无法实现弹跳的。"超级玛丽"接触地面的时候会碰到地面的黑色背景，所以当碰到黑线时，按键操作才会起作用。实现这个功能的具体操作步骤如下。

(1) 重新编写一个"超级玛丽"弹跳的子程序，单击"脚本"标签切换到编程界面。将"事件"中的 ▇▇▇ 、"控制"选项中的 ▇▇ 模块拖动到脚本区，如图 10-26 所示。

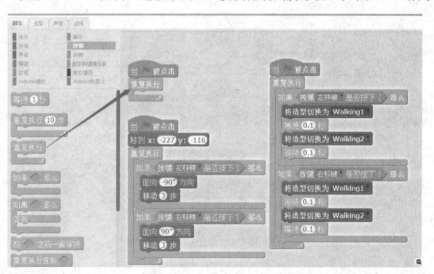

图 10-26　"重复执行"命令的使用

(2) 单击"控制"选项，在出现的选项中将"如果……那么……"命令模块拖曳到重复执行内，并将"侦测"选项中的 ▇▇▇ 放置到红色标记 ▇▇▇ 内，在模块上代表颜色的小方框 ▇ 中单击，鼠标指针会变成手指形状。当手指移动时，积木后面的颜色也会随之变化，选择舞台中的黑色区域，小方框 ▇ 中的颜色将会变成黑色，如图 10-27 所示。

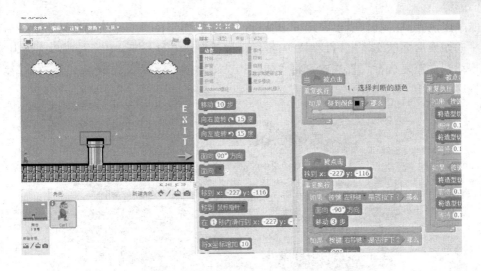

图 10-27　关于条件判断的设置

(3)　单击"数据"选项中的"新建变量"按钮，在弹出对话框中的文本框中输入 height，将 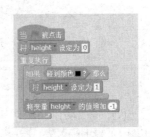（将 height 设定为 0）放置到移动命令下，如图 10-28 所示，是为了每次单击小绿旗时能初始为 0。

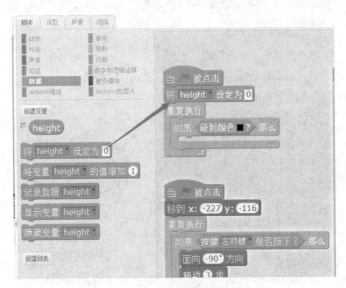

图 10-28　初始状态设置

(4)　将"数据"内的变量模块 将 height 设定为 0 拖入"如果……那么……"内，并将 0 变为 1，然后将 将变量 height 的值增加 1 拖入重复执行内，并将 1 改为-1，程序如图 10-29 所示。

提示：根据逻辑关系，如果角色"超级玛丽"在路面上，它将会碰到黑色，那么它将执行 将 height 设定为 1，执行完之后再执行 将变量 height 的值增加 -1，那么 height 的值将依然还是 0，没有变化。

图 10-29　"数据"变量的设置

(5) 因为弹跳的动作需要在地面上执行，所以需要将按键检测放置在"如果……那么"模块中的如果后面的文本框内，判断的条件是按键有没有被按下，将"控制"选项内的 模块拖动到"重复执行"模块内。将"侦测"选项中的 模块拖动到 内，具体程序如图 10-30 所示。

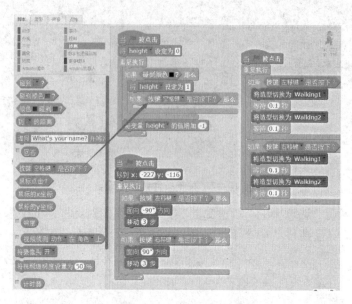

图 10-30　条件的添加

(6) 将"数据"选项内的变量模块 拖入"如果……那么……"内，并将 0 改为 15，程序如图 10-31 所示。

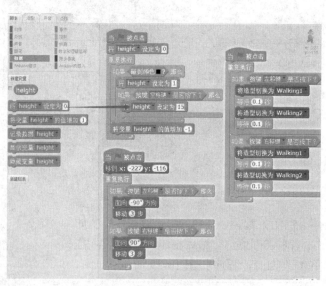

图 10-31　设置变量

(7) 将"动作模块"中的 拖入"重复执行"模块内，并将 height 移动到 内，如图 10-32 所示。

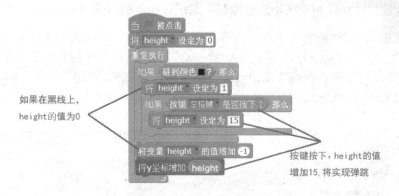

如果在黑线上，
height的值为0

按键按下，height的值
增加15,将实现弹跳

图 10-32 坐标的设置

(8) 不断点按键盘上的左移和右移按键，发现会出现如图 10-33 所示的情况，即人物与物体之间没有阻挡效果。为了防止这种情况的发生，我们需要添加颜色判断条件，如果"超级玛丽"碰到障碍物，会向后移动，具体操作如图 10-34 所示。

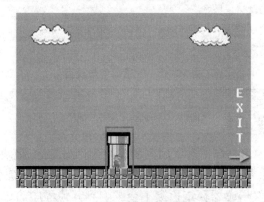

图 10-33 人物与物体之间的错误关系

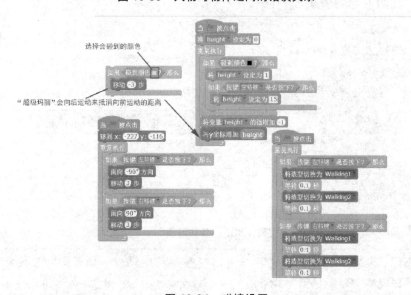

选择会碰到的颜色

"超级玛丽"会向后运动来抵消向前运动的距离

图 10-34 碰撞设置

4. 用智能硬件按钮和光线传感器控制"超级玛丽"的运动

将电脑的按键切换成智能硬件，需要实现两个按钮来控制角色的左右移动，当用手遮挡光线传感器时，"超级玛丽"会进行弹跳运动，实现这个功能的具体操作步骤如下。

将电脑的左移键和右移键分别切换成读取按钮状态 <读取 按钮 传感器（数字）4>，将数据端口号选择成按钮模块所连接的引脚，具体操作如图10-35所示。

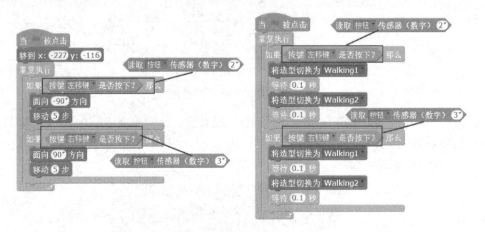

图 10-35　传感器参数设置

> **提示：** 将程序下载到控制板上，单击按钮模块观察"超级玛丽"的运动状态，观察角色是否按照你的意愿在运动。

给程序添加光线传感器控制，需要用到的模块为"Arduino 模块"选项中的模拟传感器命令 <读取 滑杆 传感器（模拟）A 0>，将"滑杆"切换为"光线"，然后新建变量 light 用于保存光线传感器的值。为了使光线传感器环境检测不会影响到其他程序的运行，可以单独添加子程序，具体操作如图10-36所示。

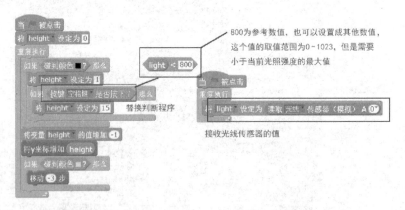

图 10-36　参数设置

> **提示：** 单击小绿旗标志，用手遮挡光线传感器观察"超级玛丽"能否弹跳，按红色按钮和绿色按钮观察"超级玛丽"能否进行左移或者右移。图 10-37 所示为光线不同参数调整的示意。

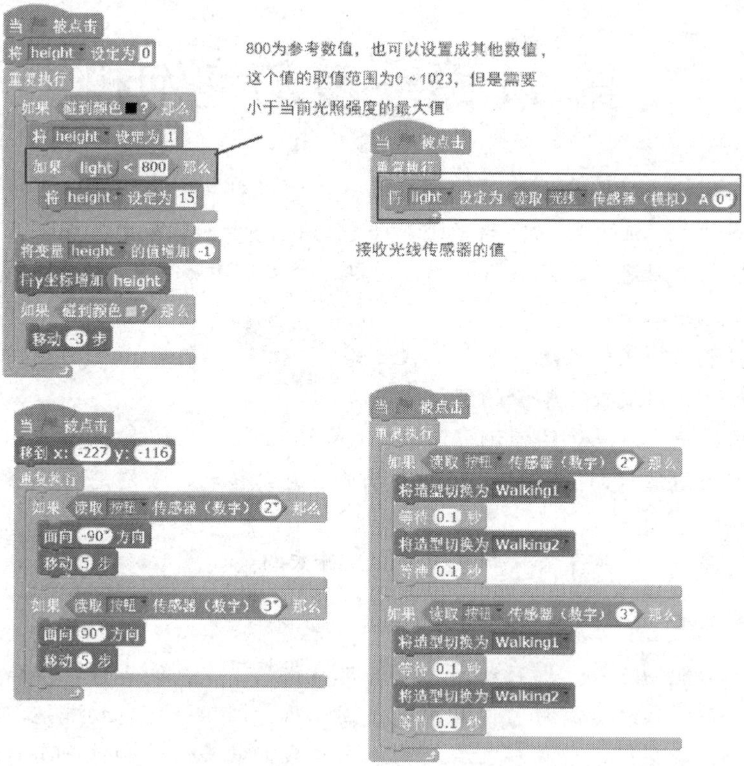

800为参考数值，也可以设置成其他数值，这个值的取值范围为0～1023，但是需要小于当前光照强度的最大值

接收光线传感器的值

图 10-37 光线不同参数调整示意

10.4 知 识 拓 展

我们已经实现了用电脑按键控制"超级玛丽"进行左右移动和向上弹跳的功能，以及用外部的智能硬件设备控制"超级玛丽"左右移动和向上弹跳的功能，那么我们能不能实现当鼠标指针靠近背景中的绿色箭头时进入下一个背景。

首先我们要引入颜色检测命令，检测 "超级玛丽"有没有碰到绿色的箭头，如果碰到的话，背景切换为下一个背景，并且角色要从最左侧的初始位置开始下落，参考程序如图 10-38 所示。

图 10-38 参考程序

第 11 章　梦幻泡泡机

本章将实现一个可以自动吹泡泡的机器人，通过编写程序实现以下控制，当泡泡杆向上移动时，高速风扇自动转动；当泡泡杆下移时，高速风扇停止转动。并且加入旋钮模块作为开关，控制吹泡泡机的开启与关闭。通过这个案例学习舵机控制命令模块的使用方法。

本章主要包括以下内容。

◎　学习舵机模块的使用方法和连接方式。

◎　掌握舵机角度控制命令的使用方法。

◎　掌握高速风扇转速的控制方法。

◎　实现当泡泡杆向上移动时，高速风扇会自动转动，当泡泡杆下移时，高速风扇停止转动。

◎　实现用旋钮传感器来控制吹泡泡机的开启与关闭。

情景故事

随着人工智能的发展，现在越来越多的机器代替了人类的工作，比如一些大型的舞会常常会有吹泡泡机器给表演者营造表演的氛围。正是因为这些自动吹泡泡的机器和舞台灯光的相互配合，使整个表演更加富有活力。本章我们就来设计制作一个自动吹泡泡的机器人，如图 11-1 所示。

图 11-1　梦幻泡泡机

知识技能

通过舵机与高速风扇相配合设计制作自动吹泡泡机器人。

◎　**实现功能**：通过创意搭建套装设计外形，当泡泡杆向上移动时，高速风扇自动转动；当泡泡杆向下移动时，高速风扇停止转动。

◎　**旋钮控制**：通过旋钮传感器控制吹泡泡机的开启与关闭。

软件模块

模　块	分　类	解　析
设置舵机 3▾ 角度为 90 度	Arduino 模块	设置舵机的转动角度，数据端口取值为 D2～D13，第 2 个参数为角度，角度范围为 0～180
设置风扇 2▾ 为 开	Arduino 模块	设置风扇模块的开启与关闭，还可以控制蜂鸣器、激光头、风扇等模块的开启与关闭，数据端口取值范围为 D2 到 D13 之间的整数
设置数字口 2▾ 输出 高 电平	Arduino 模块	设置控制板数字端口信号的状态，数据端口取值范围为 D2 到 D13 之间的整数，输出的状态为高电平和低电平
读取 旋钮 传感器（模拟） A 0▾	Arduino 模块	获取旋钮、滑杆、光线、热敏、声音、水位、土壤湿度、灰度、火焰、有害气体等传感器的模拟值

11.1　知　识　准　备

　　为保障实践制作的顺利进行，我们首先需要准备即将使用的相关硬件，了解相关硬件的使用方法，还需要提前将泡泡液调配好，了解自动吹泡泡机的基本原理。对使用的软件命令模块功能进行学习，是保证软件编程无障碍的前提。

11.1.1　认识硬件

　　在本章的学习中，我们将使用的硬件主要有 Arduino 主板模块、风扇模块、舵机、旋钮、导线、USB 数据线等。在本书选配的学习套包中拿出这些模块一起认识一下吧！图 11-2 所示为即将使用的硬件。

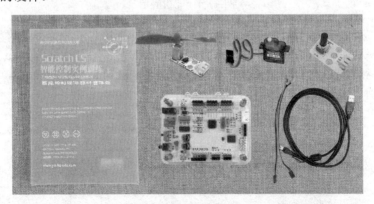

图 11-2　即将使用的硬件

　　舵机是一种位置(角度)伺服驱动器，是船舶上的一种大甲板机械，主要由外壳、电路板、直流电机、变速齿轮组等元件所构成，如图 11-3 所示。舵机在许多工程上都有应用，不仅限于船舶。在航天方面舵机的应用也很广泛，例如，导弹姿态变换的俯仰、偏航、滚转运动都是靠舵机相互配合完成的。此外，在高档遥控玩具，如飞机、潜艇模型、遥控机器人中也已经得到了普遍应用。

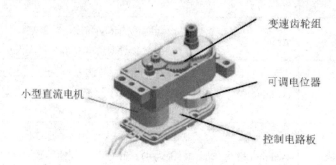

图 11-3　舵机的硬件结构

　　舵机的控制信号实际上是一个脉冲宽度调制信号(PWM 信号)，舵机的工作过程是把所接收到的电信号转换成电动机轴上的转动角度，而我们使用的舵机转动角度为 0～180°。

　　标准的舵机有三条控制线，分别是电源(VCC)、地(GND)和信号线。舵机的针脚定义为：棕色线——GND，红色线——5V，橙色线——信号线，如图 11-4 所示。

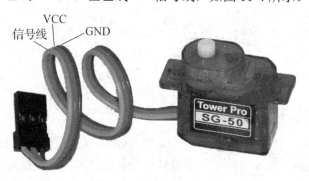

图 11-4　舵机展示

注意：不要用力去掰舵机臂，用力过大将会导致齿轮被破坏而无法使用。舵机与控制板连
　　　接时一定要注意连接顺序，要将橙色信号线与控制板的白色引脚相连接，红色电源
　　　线与控制板的红色引脚相连接，棕色地线与控制板的黑色引脚相连接，具体连接方
　　　式如图 11-5 所示。

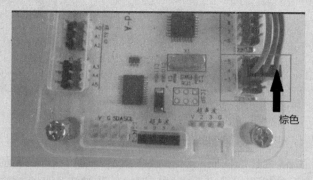

图 11-5　线路连接

11.1.2　软件功能模块学习

1. 设置舵机偏转角度命令 设置舵机 3▼ 角度为 90 度

在"Arduino 模块"选项中可以找到设置舵机偏转角度的命令模块，该模块由两部分组成，即数据端口选项和转动角度选项，在数据端口选项中可以选择 2～13 端口，如图 11-6 所示，在转动角度选项中可以设置的转动角度为 0～180°。

图 11-6　设置舵机的数据端口

2. 设置数字端口状态命令 设置数字口 2▼ 输出 高▼ 电平 和 设置 风扇 2▼ 为开

设置风扇开与关的命令 设置 风扇 2▼ 为开 已经学过，电脑中的数据只以 0 和 1 的形式存在，电脑中的 1 就是高电平，而电脑中的 0 就是低电平，如果控制风扇转动，我们需要设置数字端口为高电平。

11.2　创　意　搭　建

现在我们使用创意搭建套包中的搭建模块，一起设计搭建一个吹泡泡机器人吧。图 11-7 所示为搭建方案示意。

图 11-7　吹泡泡搭建示意

11.2.1　搭建前的准备

搭建开始之前先准备材料，准备的材料有 1 个主控板，2 根 3P 导线，1 个旋钮，1 个高速风扇，4 节 5 号电池，4050、4060 铆钉若干，1 个电池盒，1 个铆钉起及各种类型的拼接板，如图 11-8 所示。

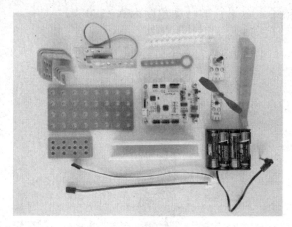

图 11-8　吹泡泡材料清单

11.2.2　搭建步骤图示

1. 连接梁与支架

取出 4 个"直角支架 1-1"、1 个"连接片 4×8"、14 个"铆钉 4060"、3 个"直角支架 3-3"和 2 个"梁 A-4"，按图 11-9 所示操作进行连接。

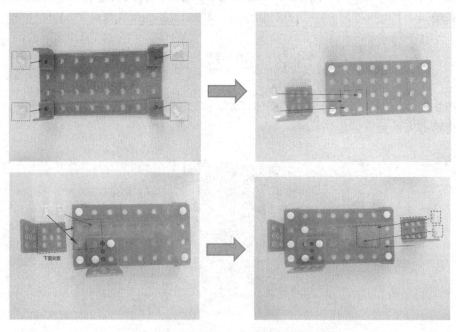

图 11-9　支架与梁的连接示意

图 11-9　支架与梁的连接示意(续)

2. 传感器的安装

取出"舵机""高速风扇""旋钮""泡泡杆"和"控制板"各 1 个，然后取出 2 个"铆钉 4060"和 2 个"铆钉 4050"，按图 11-10 所示进行连接。

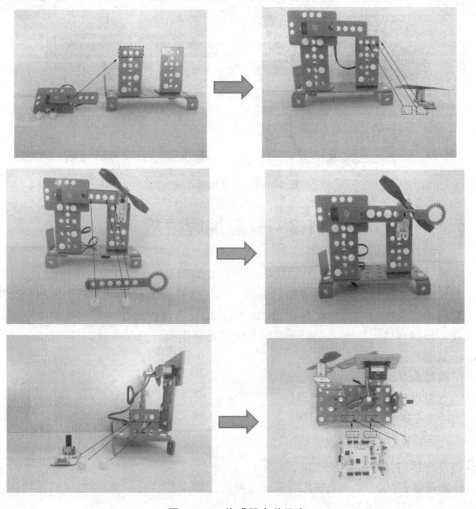

图 11-10　传感器安装示意

3. 线路的连接

取出 2 根 "3P 导线"，将其中一根的白色一端连接到 "高速风扇"，另一根与 "旋钮"
连接，然后将另一端分别与控制板上的 "数字口 5" 和 "模拟口 A0" 连接，舵机连接 "数
字口 3"，最后将连接电池放入泡泡盒，这样我们的梦幻泡泡机就做好了，搭建如图 11-11
所示。

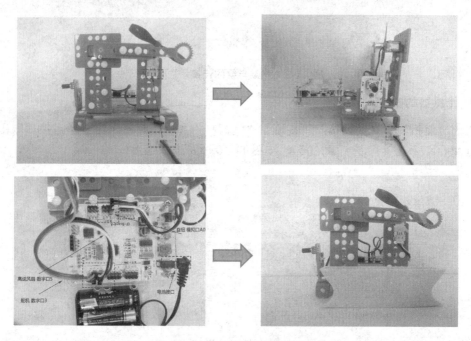

图 11-11　线路连接示意

11.3　开启编程之旅

一切准备就绪，现在起航，开始我们的编程之旅吧！

"梦幻泡泡机" 作品最终实现的目标是，当泡泡杆向上移动时，高速风扇自动转动；
当泡泡杆向下移动时，高速风扇停止转动，而且还要实现用旋钮传感器控制吹泡泡机的开
启与关闭。要实现这一目的，我们在编程的时候通常需要分三个步骤。

(1) 软硬件连接。

(2) 编写程序。

(3) 连接调试。

11.3.1　软硬件连接

软硬件连接的具体操作步骤如下。

(1) 将准备好的控制主板与其电源线连接好，将电源的另一端 USB 端口连接到电脑的
USB 端口上，打开 USB 的电源。

(2) 在 Scratch CS 工作界面中，执行 "连接" →COM*命令，*表示电脑 USB 端口的序

号，插入不同的 USB 端口，*代表的数字不同，根据电脑显示进行选择。

（3）执行"连接"→"固件上传"命令，此时我们在软件中设置的所有程序会自动上传到控制主板中并执行。

11.3.2　编写程序

在该部分操作中，我们首先需要实现舵机的向上和向下运动，然后再实现当舵机向上运动时风扇开始转动，当舵机向下运动时，风扇停止转动，最后实现用旋钮控制泡泡机的开启与关闭。

1. 实现舵机向上和向下运动

自动吹泡泡机涉及初始化问题，就是当打开电源时，吹泡泡机复原的状态。我们设置舵机的初始化状态为水平方向，如图 11-12 所示，具体操作步骤如下。

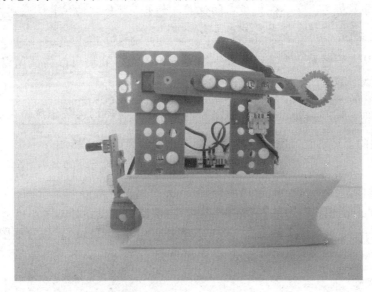

图 11-12　舵机的初始化

（1）将"事件"中的 当▇▇被点击 、"控制"中的"重复执行"模块拖曳到脚本区，如图 11-13 所示。

图 11-13　基本模块

（2）舵机的移动范围为 0～180°，设置舵机在水平方向为 90°，也就是舵机的中间位置。将"Arduino 模块"中的舵机设置命令模块 设置舵机 3▼ 角度为 90 度 拖曳到重复执行模块内，如图 11-14 所示。

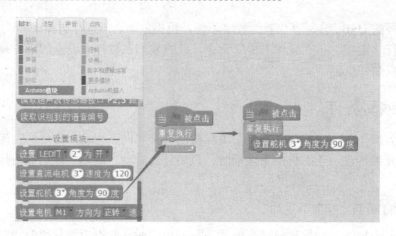

图 11-14　设置舵机初始化

> 提示：单击小绿旗标志，观察舵机所在的位置，如果舵机所在的位置不是照片中所在的位置，可以将舵机杆拿下来，重新安装一下。

（3）舵机从水平位置出发，下一个运动是蘸泡泡液，我们可以尝试调整舵机的参数让舵机臂可以蘸到泡泡液，参考程序如图 11-15 所示。

> 提示：参考程序中舵机上下移动的时间间隔为 2 秒，这个时间间隔根据情况来定。

2. 当舵机向上运动时风扇开始转动，向下运动时风扇停止转动

这个风扇的转动与停止需要跟舵机的运动方向一致。当舵机向下运动时，高速风扇停止转动；当舵机向上运动时，高速风扇开始转动。

选择"Arduino 模块"中的 设置数字口 2 输出 高 电平，将该模块拖曳到脚本区，将数字口的端口号设置成 5，复制一个该模块，将"高"电平设置成低电平，具体放置位置如图 11-16 所示。

图 11-15　舵机的上下运动

图 11-16　设置风扇转动与停止

3. 用旋钮控制泡泡机的开启与关闭

旋钮为模拟传感器，输出信号的范围为 0～1024。我们可以设置当旋钮的输出信号值小于 512 时，自动吹泡泡机器人停止工作；输出信号值大于 512 时，开始工作。下面开始编写程序，为了更好地获取旋钮传感器的值，我们首先将"重复执行"模块内的程序拖曳到

一侧，如图 11-17 所示。

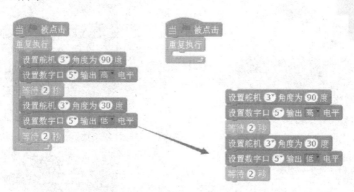

图 11-17 将"重复执行"模块内的程序拖到一侧

(1) 获取模拟传感器的信号值，在"数据"选项中新建变量名为 voltage，将 [将 voltage 设定为 0] 拖曳到脚本区，然后选择"Arduino 模块"中的读取模拟口命令 [读取模拟口 A 0 量]，具体放置位置如图 11-18 所示。

图 11-18 读取旋钮传感器的值

> **小知识**：在获取旋钮传感器的值时，也可以使用 [读取 旋钮 传感器（模拟）A 0] 模块来获取旋钮的数据值。

(2) 若获取到旋钮传感器的值大于 512，则自动吹泡泡机开始工作。根据要求需要用到的模块有"控制"选项中的条件判断命令 [如果 那么]、"数字和逻辑运算"选项中的大于号 [>]、"数据"选项中的 [voltage]，将这些模块拖曳到脚本区进行组合，如图 11-19 所示。

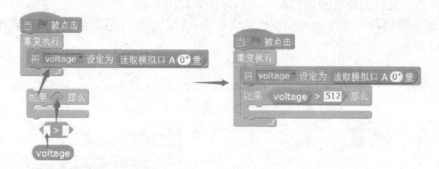

图 11-19 增添条件判断命令

当 [voltage > 512] 条件成立时，自动吹泡泡设备开始运动，参考程序如图 11-20 所示。

当 [512 > voltage] 条件成立时，执行舵机回到初始位置，并且风扇停止运动，参考程序如图 11-21 所示。

图 11-20　开启运动　　　　　　　图 11-21　控制泡泡机的关闭

小知识： 当旋转旋钮时，可以控制吹泡泡机的开启与关闭。旋钮输出值大于 512 时，开启吹泡泡机；旋钮输出值小于 512 时关闭泡泡机，也可以设置其他的值来控制自动吹泡泡机的开启与关闭，现在开始体验自动吹泡泡机器人吧。

11.4　知 识 拓 展

泡泡机转转转

　　自动吹泡泡机的升降杆是自动进行升降的，那么如何更改成通过旋钮来控制升降呢？还记得第 9 章是如何用旋钮控制高速风扇的转动速度的吗？

　　(1) 要实现的功能为，当旋钮从最左端顺时针转动到最右端时，舵机可以转动 180°。要想实现这个功能需要理解如何将模拟变量的值转化成舵机输出的变量。因为模拟传感器的信号范围为 0~1023，而 180°舵机的输出范围为 0~180°，所以我们需要将旋钮输出的 0~1023 映射到舵机的输出的 0~180°，具体操作如图 11-22 所示。

　　(2) 将 voltage / 1023 * 180 拖动到控制舵机的变量中，转动旋钮传感器观察舵机的转动方向，如图 11-23 所示。

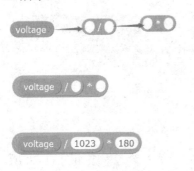

图 11-22　数据的映射　　　　　　图 11-23　用旋钮控制舵机的转动

第 12 章　幸运大转盘

本章将实现按键控制幸运大转盘的转与停的功能。通过这个案例的学习，加深了解如何通过电脑编程获取按钮模块的状态，重点学习新电子模块 360° 舵机的使用方法，能够实现电脑编程控制 360° 舵机的运动状态，从而最终实现控制幸运大转盘的转与停的功能。

本章主要包括以下内容。

◎　学习 360° 舵机模块的使用方法和连接方式。

◎　掌握 360° 舵机角度控制命令的使用方法。

◎　掌握用按钮控制幸运大转盘转与停的方法。

情景故事

现在许多商家会通过抽奖活动吸引消费者购物，而幸运大转盘是抽奖活动中经常会看到的一种抽奖活动，如图 12-1 所示。手动的幸运大转盘是需要外力进行推动，从而使转盘进行转动的，那么如何设计制作一个电子的幸运大转盘呢？只需要轻轻一按就可以实现幸运大转盘的快速转动，再轻轻一按就可以使幸运大转盘停止。

图 12-1　大转盘转转转

知识技能

通过按钮控制 360° 舵机的转动与停止。

◎　转动：按一下红色按钮，幸运大转盘会顺时针一直转动。

◎　停止：按一下绿色按钮，幸运大转盘会停止转动。

软件模块

模　块	分　类	解　析
读取 按钮 传感器（数字）4	Arduino 模块	读取数字类传感器的值(数字类器件包括：按键、雨滴、干簧管、霍尔、人体红外、红外避障、倾斜开关等)

续表

模 块	分 类	解 析
设置舵机 3 角度为 90 度	Arduino 模块	设置舵机的转动角度，数据端口取值为 D2～D13，第 2 个参数为角度，角度范围为 0～180°。用该模块控制 360° 舵机时，当度数设置为 90° 时，舵机停止转动
新建变量 flag 将 flag 设定为 0 将变量 flag 的值增加 1 记录数据 flag 显示变量 flag 隐藏变量 flag	"数据"模块	设置一个变量，然后对变量进行赋值。当改变这个变量时，整个程序中的变量都随之改变

12.1 知 识 准 备

为保障实践制作的顺利进行，我们首先需要准备即将使用的相关硬件，本章主要硬件为 360° 舵机。360° 舵机与 180° 舵机不同，查找相关资料了解两种舵机主要不同点。

12.1.1 认识硬件

在本章的学习中，我们将使用的硬件主要有 Arduino 主板模块、按钮模块、360° 舵机、USB 数据线等。在本书选配的学习套包中拿出这些模块一起认识一下吧！图 12-2 所示为即将使用的硬件。

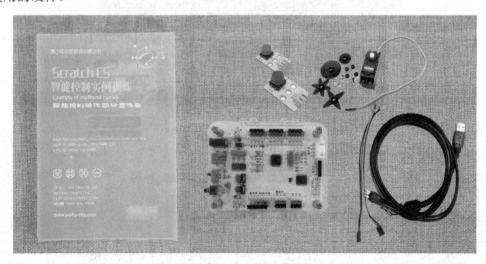

图 12-2　即将使用的硬件

360° 舵机就是一个普通的直流电机和一个电机驱动板的组合，如图 12-3 所示，它只能连续旋转，不能定位，也无法知道它的角度和圈数(除非在舵机外面加装其他传感器)，我们只能控制它转动的方向和速度。而已经学过的 180° 舵机只能在 0～180° 之间运动，超过这个范围，舵机就会出现超量程的故障。

图 12-3 360° 舵机

12.1.2 软件功能模块学习

在桌面上双击 🐱 图标，开启 Scratch CS 软件。本课涉及的主要命令功能模块如下。

设置舵机偏转角度命令 设置舵机 3▼ 角度为 90 度

控制 360° 舵机与控制 180° 舵机用的是同一个命令模块，但是控制效果是完全不同的，360° 舵机可以控制速度和方向，而 180° 舵机可以改变的参数只有度数，那么如何实现控制 360° 舵机的速度和方向呢？控制方式如图 12-4 所示。

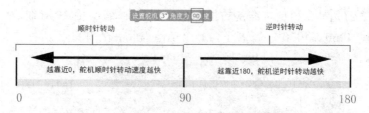

图 12-4 控制舵机的旋转方向示意

> 提示：以 90° 为中心点，0～90° 会使 360° 舵机顺时针转动，而 90°～180° 会使 360° 舵机逆时针转动。并且离 90° 越远，舵机转动的速度越快，参考程序如图 12-5 所示。
>
>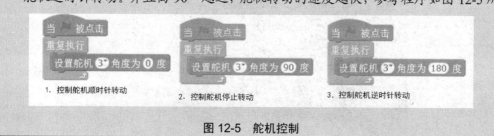
>
> 图 12-5 舵机控制

12.2　创意搭建

现在我们使用创意搭建套包中的搭建模块，一起设计搭建一个幸运大转盘吧。图 12-6 所示为搭建方案示意。

图 12-6　幸运大转盘搭建示意

12.2.1　搭建前的准备

搭建开始之前先准备材料，准备的材料有 1 个主控板，2 根 3P 导线，1 个舵机，4 节 5 号电池，4050、4060、4070 铆钉若干，1 个电池盒，1 个铆钉起及各种类型的拼接板，如图 12-7 所示。

图 12-7　幸运大转盘搭建材料清单

12.2.2　搭建步骤图示

1. 创意搭建过程

（1）取出 2 个"连接片 4×8"、2 个"连接片 2×2"，8 个"铆钉 4060"，按图 12-8 所示进行连接。

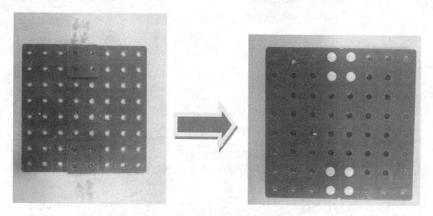

图 12-8　底托平面连接示意

（2）取出 4 个"直角支架 3-3"、8 个"铆钉 4060"，按图 12-9 所示进行连接。

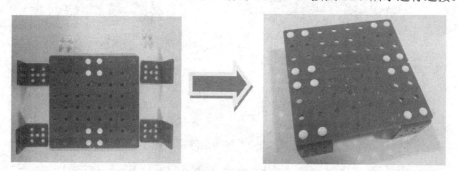

图 12-9　底座支架连接示意

（3）取出 1 个"直角支架 1-3"、1 个"梁 B-8"、4 个"铆钉 4060"，按图 12-10 所示进行连接。

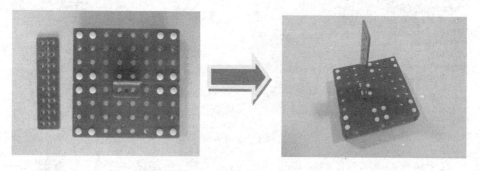

图 12-10　梁的连接示意

(4) 取出 2 个"直角支架 3-3"、2 个"铆钉 4060",按图 12-11 所示操作进行连接。

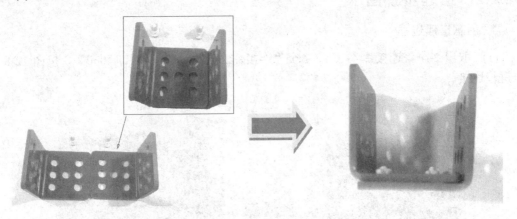

图 12-11 直角支架连接示意

(5) 取出上一步骤中搭建的结构与搭建的底座结构进行连接,如图 12-12 所示。

图 12-12 结构组合连接示意

(6) 取出 360°舵机与"三角连接片 3×3",按图 12-13 所示进行连接。

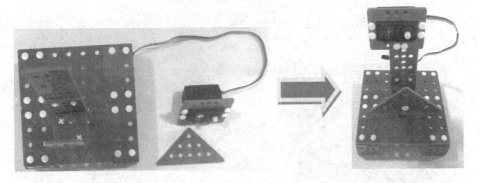

图 12-13 舵机安装示意

(7) 将大转盘与 360°舵机进行连接,舵机与"三角连接片 3×3",按图 12-14 所示进行连接。

图 12-14　大转盘安装示意

2. 传感器的连接

(1) 将红色按钮连接到数字口 D4 端口上，绿色按钮连接到数字口 D5 端口上，360°舵机连接到 D3 数字端口上，连接的时候一定要注意传输线与主板引脚的颜色要对应，具体连接方式如图 12-15 所示。

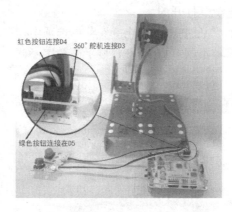

图 12-15　连线示意

(2) 将控制板与按钮模块固定在底座上，并且将电池盒也连接到主板的电源端口上，具体操作如图 12-16 所示。

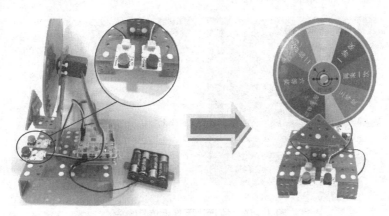

图 12-16　按钮模块固定示意

12.3　开启编程之旅

一切准备就绪，现在起航，开始我们的编程之旅吧！

"幸运大转盘"作品最终实现的目标是，按下红色按钮的时候幸运大转盘进行顺时针转动，按下绿色按钮的时候幸运大转盘停止转动。要实现这一目的，我们在编程的时候通常需要分三个步骤。

(1)　软硬件连接。

(2)　编写程序。

(3)　连接调试。

12.3.1　软硬件连接

软硬件连接的具体操作步骤如下。

(1)　将准备好的控制主板与 USB 数据线连接好，将另一端 USB 端口连接到电脑的 USB 端口上，确保控制板上的电源是打开的。

(2)　在 Scratch CS 工作界面中，在"连接"菜单选项中勾选相应的 COM*端口号，确保软件和硬件能够正常通信，不同端口 COM*显示的数字不同，根据电脑显示进行选择，如图 12-17 所示。

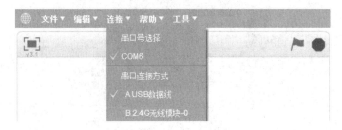

图 12-17　控制板与电脑的连接

(3)　执行"连接"→"固件上传"命令，此时我们在软件中设置的所有程序会自动上传到控制主板中并执行，如图 12-18 所示。

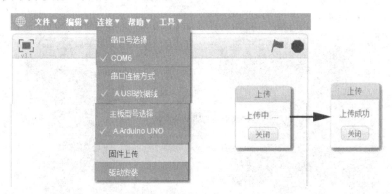

图 12-18　执行"固件上传"命令

12.3.2　编写程序

在该部分操作中，我们首先需要实现控制 360°舵机的不同运动；然后实现按红色按钮舵机进行顺时针转动，按绿色按钮舵机停止转动，最后实现程序的脱机运行。

1. 360°舵机的控制

控制 360°舵机顺时针转动速度由快到慢，再逆时针转动速度由快到慢。

(1) 将"事件"中的 、"控制"中的"重复执行"模块拖曳到脚本区，如图 12-19 所示。

(2) 在"Arduino 模块"选项中将舵机设置模块 拖曳到脚本区，将"控制"选项中的等待模块 拖曳到脚本区，以 45°为一个过度单位，根据任务要求更改设置参数，如图 12-20 所示。

图 12-19　基本模块

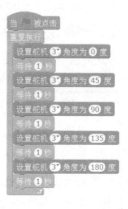

图 12-20　控制舵机的变速

试一试：还记得如何实现角色自动变大变小的动画吗？能不能通过变量的形式来控制舵机的缓慢变速呢？

参考程序如图 12-21 所示。

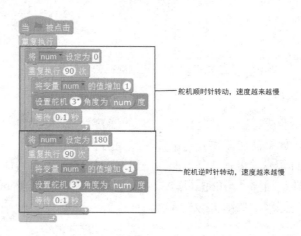

图 12-21　舵机变速运动的参考程序

2. 用按钮控制舵机的转与停

当按下红色按钮时，舵机开始以最快的速度顺时针转动，按绿色按钮的舵机停止转动，实现这个功能的具体操作如下。

(1) 因为需要用到按钮模块，所以需要条件判断命令，判断的条件为红色按钮有没有被按下，当条件成立时，执行舵机顺时针转动命令。根据推理，需要用到的模块有"Arduino 模块"中的按钮命令 读取 按钮 ▾ 传感器（数字）4▾ 、"控制"选项中的条件判断命令 ，还有舵机控制命令 设置舵机 3▾ 角度为 90 度 ，通过这些命令编写程序，如图 12-22 所示。

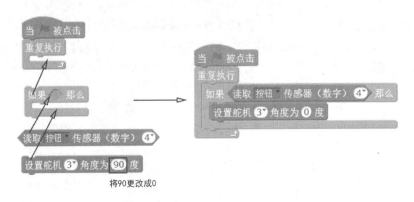

图 12-22　红色按钮控制舵机转动

(2) 实现红色按钮控制舵机转动的功能后，需要实现当按绿色按钮时舵机停止转动，可以通过将鼠标移动到条件判断上右击选择复制命令，将对应的参数更改成任务要求的参数，具体操作步骤如图 12-23 所示。

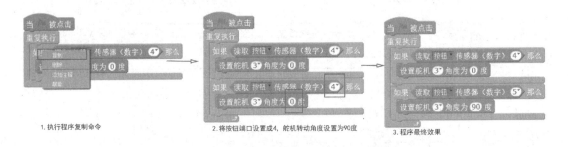

图 12-23　按钮控制舵机的转与停

3. 程序的脱机运行

现在编写的程序若要运行，都需要将 USB 线连接到控制板和电脑上，一旦脱离开电脑程序就无法运行了，如果需要脱离开电脑，需要进行离线下载。

(1) 将程序中的 替换成"Arduino 模块"中的 Arduino 程序 ，具体操作如图 11-24 所示。

(2) 将鼠标指针移动到"Arduino 程序"上，右击选择"上传到 arduino"命令，等待程序显示"上传成功"提示，如图 12-25 所示。

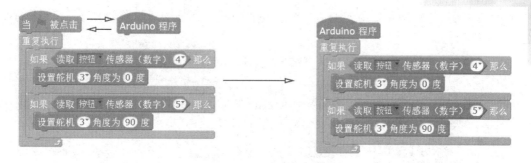

图 12-24　脱机运行模块 Arduino 程序

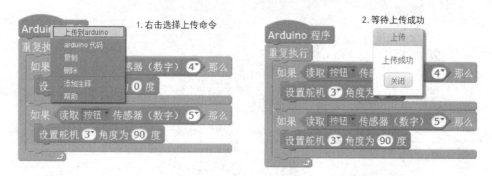

图 12-25　等待程序上传成功

提示：将 USB 连接线断开，你会发现程序依然可以正常运行。

12.4　知　识　拓　展

互动幸运大转盘

在第 3 章中我们设计制作了一个电脑上的幸运大转盘，本章我们设计制作一个实物幸运大转盘，那么能不能将两节课的内容联系到一起呢？就是按红色按钮的时候，电脑中的角色"大转盘"会转动，同时，实物幸运大转盘也运动；而按下绿色按钮时，两者同时停止。具体操作如下。

1. 添加角色

根据第 3 章的制作过程，添加"大转盘"与"指针"角色，找到本书提供的范例文件所在的文件夹，选取大转盘和指针角色。将角色调整到合适的位置，如图 12-26 所示。

2. 编写程序

(1) 将"事件"中的、"控制"中的"重复执行"模块拖曳到脚本区，如图 12-27 所示。

(2) 控制角色转动需要用到变量，所以在"数据"选项中新建变量 flag。编写程序如图 12-28 所示。

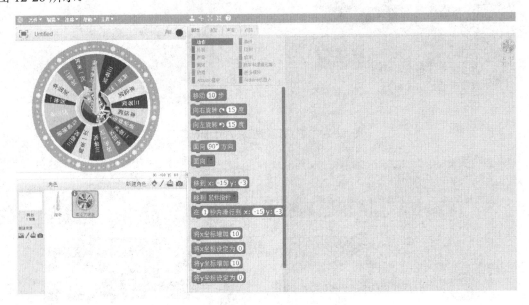

图 12-26　添加角色

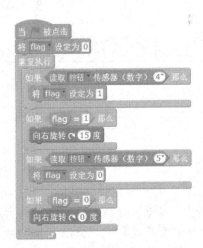

图 12-27　基本模块　　　　　　图 12-28　角色幸运大转盘的控制

提示：单击小绿旗标志，按下红色按钮观察角色"幸运大转盘"是否开始转动，按下绿色按钮时角色"幸运大转盘"是否停止转动。实现这个功能需要给程序添加舵机转动与停止程序，因为舵机的运动与角色的运动是同步的。

(3) 将"Arduino 模块"选项中的舵机控制命令拖曳到对应的位置，具体操作如图 12-29 所示。

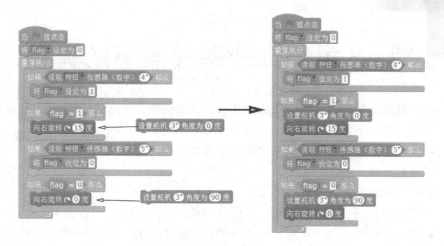

图 12-29　用按钮控制实物与动画的互动

第13章 红外遥控器下的智慧

本章将实现用红外遥控器控制风扇的转与停以及控制孙悟空进行72变。当按下红外遥控器的红色按钮时，风扇开始转动；当按下绿色按钮时，风扇停止转动。通过这个案例学习如何获取红外遥控器的键值，掌握控制高速风扇模块的方法。

本章主要包括以下内容。

◎ 掌握获取红外遥控器的键值。

◎ 实现用红外遥控器控制高速风扇的转与停。

◎ 能够通过软件编程实现红外遥控器的不同控制功能，当按红外遥控器上的不同数字按钮时会切换到不同的角色上。

◎ 设计制作一个红外遥控钢琴。

情景故事

遥控器在日常生活中很常见，很多家用电器都配有遥控器，例如空调、电视等，给生活带来了舒适、便捷。遥控器主要分红外遥控器和无线电遥控器两种。红外遥控是一种无线、非接触控制技术，具有抗干扰能力强、信息传输可靠、功耗低、成本低和易实现等显著优点，被诸多电子设备特别是家用电器广泛采用，并越来越多地应用到计算机和手机系统中。本章我们一起学习如何运用红外遥控器实现无线控制。如图13-1所示为运用红外遥控器控制风扇和图形切换的示意，如图13-1所示。

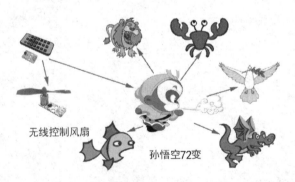

无线控制风扇

孙悟空72变

图13-1 运用红外遥控器控制风扇和图形切换的示意

知识技能

通过无线遥控器控制风扇的转与停和控制孙悟空进行72变。

◎ 风扇的无线控制：当按下无线遥控器上的红色按钮时，风扇开始转动；当按下绿色按钮时，风扇停止转动。

◎ 孙悟空72变的图形控制：当按红外遥控器的不同数字按钮时，计算机屏幕上会显示不同的图形，从而达到孙悟空变换的目的。

软件模块

模　块	分　类	解　析
读取红外遥控码 11▼	Arduino 模块	读取红外遥控器发射的编码，返回值为遥控指令，若遥控器没有被按，接收信号为 0，当按钮被按下时发送的信号大于 0
设置 风扇 2▼ 为 开	Arduino 模块	设置风扇模块的开启与关闭，还可以控制蜂鸣器、激光头、风扇等模块的开启与关闭，数据端口取值范围为 D2 到 D13 之间的整数
将造型切换为 monkey2-c	"外观" 模块	改变角色的造型，更改其外观
播放声音 pop	"声音" 模块	播放一个特定的声音文件，同时允许它插入到其他脚本并保持运行

13.1　知　识　准　备

为保证制作的顺利进行，我们首先需要准备即将使用的硬件，同时查阅相关资料了解红外遥控的相关知识，了解红外遥控的控制原理与使用的基本方法，做好实践前的准备工作。

13.1.1　认识硬件

在本章的学习中，使用的硬件主要有 Arduino 主板模块、高速风扇模块、无线遥控器、导线、USB 数据线等。在本书选配的学习套包中拿出这些模块一起认识一下吧！图 13-2 所示为即将使用的硬件模块。

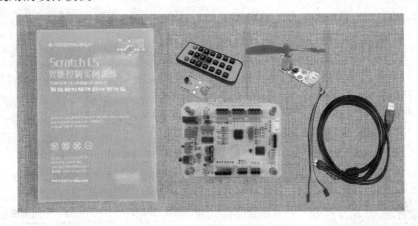

图 13-2　即将使用的硬件模块

红外遥控器由红外发射器和红外接收器两部分组成，红外发射器的主要功能是传送红外线信号；而红外接收器的主要功能是接收红外发射器发射的信号，依照信号控制机器人的动作，红外线信号接收的最佳距离在 10m 以内。图 13-3 所示为红外遥控器及红外接收头。

图 13-3　红外遥控器及红外接收头

知识加油站：红外遥控是目前使用最广泛的一种通信和遥控手段。由于红外遥控装置具有体积小、功耗低、功能强、成本低等特点，继彩电、录像机之后，在录音机、音响设备、空调以及玩具等其他小型电器装置上也纷纷采用红外遥控。工业设备中，在高压、辐射、有毒气体、粉尘等环境下，采用红外线遥控不仅完全可靠而且能有效地隔离电气干扰。

13.1.2　软件功能模块学习

在桌面上双击🎬图标，开启 Scratch CS 软件。本章涉及的主要命令功能模块如下。

红外遥控器的编码获取命令　读取红外遥控码 11▼

"读取红外遥控码"模块的功能是侦测红外遥控器是否被按下。当按钮被按下时红外发射器会发射出对应的键值，通过"读取红外遥控码"模块 读取红外遥控码 11▼ 来读取键值。获取红外遥控器不同按钮键值的方式与获取模拟传感器信号的方式相同，需要引入变量，参考程序如图 13-4 所示。

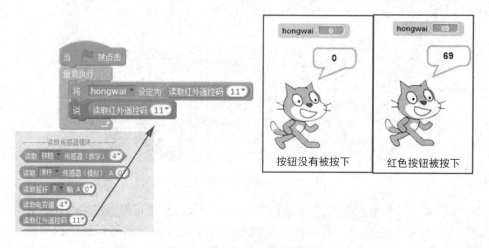

图 13-4　获取红外遥控器键值程序

提示：为了更直观地观察键值的大小，可以通过让角色说话的形式来显示键值，但是由于按键被按下后非常短的时间就会显示数据大小，为了更好地观察到数据大小，可以在程序中加入等待的时间来方便观察，参考程序如图 13-5 所示。

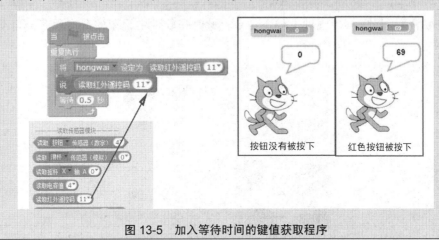

图 13-5　加入等待时间的键值获取程序

13.2　开启编程之旅

一切准备就绪，现在起航，开始编程之旅吧！

"红外遥控器下的智慧"作品最终实现的目标是当按红色按钮时风扇开始转动，当按绿色按钮时风扇停止转动，并可以通过按红外遥控器上不同的数字按钮控制孙悟空进行 72 变。要实现这一目的，在编程的时候通常需要分三个步骤。

(1)　软硬件连接。

(2)　编写程序。

(3)　连接调试。

13.2.1　软硬件连接

软硬件连接的具体操作步骤如下。

(1)　将准备好的控制主板与 USB 数据线连接好，将 USB 线的第一端口连接到计算机的 USB 端口上，并确保控制板上的电源是打开的。

(2)　在 Scratch CS 工作界面中，在"连接"菜单中勾选相应的 COM6 端口号，确保软件和硬件能正常通信，如图 13-6 所示。

图 13-6　选择连接端口

> 注意：由于计算机通常有多个 USB 接口，当控制板的 USB 数据线插入计算机上不同的 USB 接口时，Scratch CS 工作界面中"连接"菜单下的 COM 端口数字的显示会不同。本例中 COM 端口的数字显示为 6。

（3）执行"连接"→"固件上传"命令，此时在软件中设置的所有程序会自动上传到控制主板并执行，如图 13-7 所示。

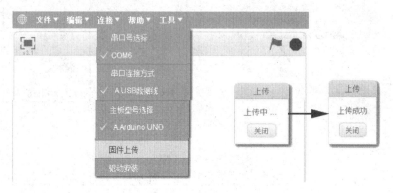

图 13-7　执行"固件上传"命令

13.2.2　编写程序

接下来进行程序的编写，首先需要获取红外遥控器不同按钮的键值，完成键值表，然后实现无限遥控风扇的转与停，最后实现用按钮控制不同角色的切换。

1. 获取不同按钮的键值

在图 13-4 中已经讲解了一种获取红外遥控器键值的方法，但是该方法只能在很短的时间内观察到无线遥控器的键值，为了更直观地观察到红外遥控器的键值，那么采用新的方式，具体操作如下。

（1）将"事件"中的"被点击"、"控制"中的"重复执行"模块拖曳到脚本区，按图 13-8 所示进行连接。

获取红外遥控器的信号值，在"数据"选项中新建变量名为 hongwai 和 button，将"将 button 设定为 0"拖曳到"重复执行"模块内，单击 button 后的倒三角，选择 hongwai 选项，然后选择"Arduino 模块"中的"读取红外遥控码 11"，具体操作如图 13-9 所示。

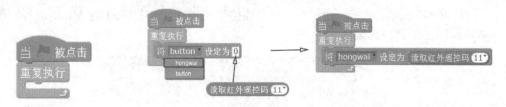

图 13-8　程序的基本命令　　　　　图 13-9　获取红外遥控的键值

（2）当没有按钮被按下时，变量 hongwai 的值为 0，当按钮被按下后，变量 hongwai 的值大于 0。当 hongwai 大于 0 时，将 hongwai 的值赋值给第二个变量 button。具体操作如图 13-10 所示。

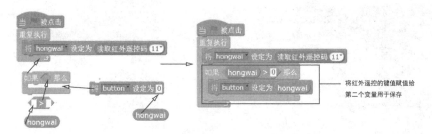

图 13-10　旋钮传感器值的获取和设定

提示：单击小绿旗标志，当按下遥控器的红色按钮后，在舞台区会显示按钮的键值，如图 13-11 所示。

图 13-11　按钮的键值

hongwai 的值为 0，因为红外获取的是瞬时值，而 button 的值是在按下其他按键的时候才会改变。通过这种方法获取红外遥控器其他按键的键值，与表 13-1 进行对比，验证获取的正确性。

表 13-1　键值表

遥控器字符	键　值	遥控器字符	键　值	遥控器字符	键　值
开机按键	69	MENU	70	关闭声音	71
MODE	68	+键	64	返回	67
左 2 个三角	7	暂停键	21	右 2 个三角	9
0	22	−键	25	OK	13
1	12	2	24	3	94
4	8	5	28	6	90
7	66	8	82	9	74

2. 用红外遥控器控制风扇的转与停

实现当红色按钮被按下时风扇模块开始转动，当绿色按钮被按下时，风扇停止转动，具体操作步骤如下。

根据键值表得知，红色按钮的键值为 69，条件判断的条件为 button = 69，若条件成立，说明红色按钮被按下，风扇模块开始转动，参考程序如图 13-12 所示。

绿色按钮的键值为 71，通过同样的方法增加关闭风扇的程序，如图 13-13 所示进行程序设计。

图 13-12　红外遥控风扇开启　　　　　　图 13-13　红外遥控风扇的开启与关闭

3. 用红外遥控器控制孙悟空 72 变

孙悟空经常变什么东西呢？如果你是孙悟空，你最想变什么呢？下面我们来实现通过红外遥控器控制孙悟空的 72 变，具体操作步骤如下。

（1）现在开始进行角色的创建，在"新建角色"组中 新建角色 ◇ ╱ ￫ ◎ 单击 ◇ "从角色库中选取角色"按钮，选择"动物"选项中的 Monkey1 角色，然后单击"确定"按钮，如图 13-14 所示。

图 13-14　从角色库中选择角色

（2）单击"造型"选项卡下的"从造型库中选取角色" 新造型 ◎ ╱ ￫ ◎ 按钮，在打开的区域中，用户可以自由添加各种角色。图 13-15 所示为连续添加的 6 个角色。

（3）通过红外遥控器控制孙悟空的 72 变，按键盘的数字键 1 时，孙悟空变成蝴蝶；按键盘的数字键 2 时，孙悟空变成螃蟹；按数字键 3 时，孙悟空变成恐龙；按数字键 4 时，孙悟空变成白鸽；按数字键 5 时，孙悟空变成小鱼。

什么时候变回孙悟空呢？当我们按数字键 0 时，变回孙悟空。

首先对程序进行初始化操作，在"外观"选项中找到造型切换命令模块 将造型切换为 monkey1-a ，选择最初的造型"孙悟空"，具体放置位置如图 13-16 所示。

图 13-15　从角色库中添加角色

图 13-16　程序的初始化操作

小知识： 要切换角色，首先需要获取到不同按键的键值，通过键值表可以得知数字按键的键值，如表 13-2 所示。

表 13-2　键值表

遥控器字符	0	1	2	3	4	5	6
键值	22	12	24	94	8	28	90

(4)　当数字键 1 被按下，接收器接收到的键值为 12，所以将造型切换为蝴蝶，如图 13-17 所示。

图 13-17　红外遥控器控制角色变化

提示：当数字按钮 1 被按下时，角色从猴子切换到蝴蝶状态，如图 13-18 所示。

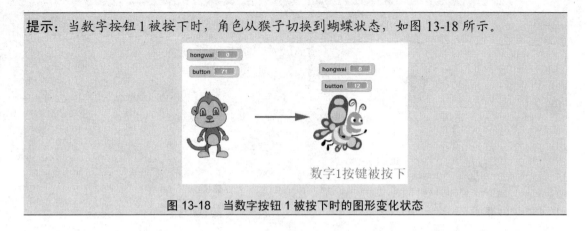

图 13-18　当数字按钮 1 被按下时的图形变化状态

(5)　通过同样的方法将其他几个角色的控制程序编写完整，如图 13-19 所示。

图 13-19　红外遥控器控制角色变化

提示：单击小绿旗标志，按遥控器上的数字按键，观察孙悟空的不同变化。

13.3　知 识 拓 展

红外遥控器下的电子钢琴

在前面的章节中我们已经学习了如何制作电子乐器和水果乐器，相信大家已经能够自己设计出一个神奇的水果乐器，这里将继续设计一个更加神奇的电子钢琴，能够远程控制钢琴发出不同的声音。

实现的功能：当按红外遥控器上的 1、2、3、4、5、6、7、8 数字键时会分别发出 Do、Re、Mi、Fa、So、La、Si、H-Do 8 个音，键盘对应音符如表 13-3 所示。

表 13-3　音符与按键对照表

音符	Do	Re	Mi	Fa	So	La	Si	H-Do
琴键	(60)C	(62)D	(64)E	(65)F	(67)G	(69)A	(71)B	72(C)
遥控按键	1	2	3	4	5	6	7	8
遥控键值	12	24	94	8	28	90	66	82

(1)　进行程序初始化，将"事件"中的小绿旗 ，"控制"中的"重复执行" ，"声音"选项中的"设置乐器类型"模块  拖曳到脚本区，如图 13-20 所示。

(2)　获取红外遥控器的键值，将红外遥控器的键值传递给变量 hongwai，如图 13-21 所示。

图 13-20　程序初始化

图 13-21　获取红外遥控器的键值

(3)　当按红外遥控器的 1、2、3、4、5、6、7、8 时会分别发出 Do、Re、Mi、Fa、So、La、Si、H-Do 8 个音，需要引入条件判断语句编写程序，如图 13-22 所示。

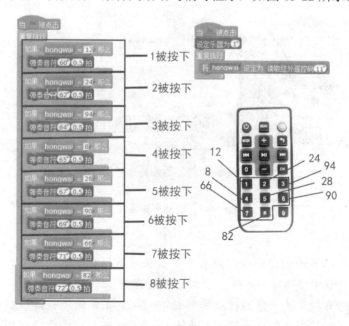

图 13-22　红外遥控电子钢琴

第 14 章　智 能 车 库

很多时候进了停车场，却发现停车场没有车位了。如果有一个灯光提示装置，当车位上没有汽车时，会显示绿灯，提示该地方有车位，而有车辆存在时显示红灯，并且还会有停车预警装置，提示停车时要停靠在适当的位置，这样就再也不会为不知道停车场有没有车位而犯愁了。通常情况下，实现这个功能需要用到超声波模块和蜂鸣器模块，本章就来学习如何通过超声波模块获取前方物体的距离，学习如何能够使蜂鸣器模块发出报警的声音。

本章主要包括以下内容。

◎　学习超声波测距的原理。

◎　学习超声波模块如何获取前方物体的距离。

◎　能够通过软件编程实现蜂鸣器的报警功能。

情景故事

随着汽车数量的不断增加，停车难、车位少的问题越来越严峻。有时进了停车场，却找不到停车位，为了解决这个问题，能不能设计出一个车位记录装置呢？当车位上没有汽车时，会显示绿灯，提示该地方有车位，而有车辆存在时显示红灯，并且还会有停车预警装置。图 14-1 所示为智能车库装置。

图 14-1　智能车库装置

知识技能

通过超声波传感器检测停车位有没有车，如果停车位有车，红灯亮，如果没有，则显示绿灯亮。停车过程中距离障碍物太近会发出报警声音。

◎　绿灯亮：当超声波传感器检测到周围 4～20cm 无车辆停放，绿灯亮。

◎　红灯亮：当超声波传感器检测到周围 0～20cm 有车辆停放，红灯亮。

◎　声音报警功能：当停车距离小于 4cm 时，表示车离后方距离太近，将会发出报警声音。

软件模块

模　　块	分　类	解　析
读取超声波传感器接口 P2,3 距离	Arduino 模块	读取超声波测距模块与前方障碍物的距离，返回值为距离(厘米)，获取数据所使用的端口为 D2 和 D3 端口。所以 D2 和 D3 端口不能用于其他传感器
设置 有源蜂鸣器 4▼ 为 开	Arduino 模块	设置蜂鸣器模块的开启与关闭，还可以控制 LED、激光头、风扇等模块的开启与关闭，数据端口取值范围为 2 到 13 之间的整数
且	数字和逻辑运算	根据两个单独的条件是否都为真，返回一个为真或假的布尔值

14.1　知　识　准　备

本节主要学习超声波传感器，了解超声波的原理和应用方向，并准备即将使用的相关硬件。

14.1.1　认识硬件

在本章的学习中，将使用的硬件主要有 Arduino 主板模块、超声波传感器、有源蜂鸣器、导线、USB 数据线等。在本书选配的学习套包中拿出这些模块一起认识一下吧！图 14-2 所示为即将使用的模块。

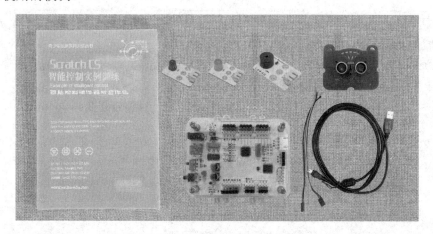

图 14-2　即将使用的模块

1. 超声波传感器

超声波传感器的主要功能是侦测距离，侦测距离为 3～400cm，最佳侦测角度在 30°以内，如图 14-3 所示。它基于声呐原理，通过发射的一连串调制后的超声波及其回波的时间差来得知传感器与目标物体间的距离值。其性能比较稳定，测度距离精确，盲区为 2cm。

图 14-3　超声波模块

它有 4 个针脚，分别是 VCC、GND、Echo 和 Trig，其中 Echo 和 Trig 连接数字针脚，针脚定义如表 14-1 所示。

表 14-1　针脚定义

针　脚	定　义
VCC	电源+5V 输入
GND	电源地线
Echo	超声波接收端
Trig	超声波发射端

知识加油站：进行高精度测距通常使用三种方法：激光测距、红外测距和超声波测距。它们的测距原理相同，即对准需要测距的障碍物发射一束激光(红外线或超声波)，检测接收到其反射回来的信息所用的时间，然后用光速(或声速)乘以时间，再除以 2，则可以得出距离值，如图 14-4 所示。

距离s = 信号速度 × 时间t ÷2

图 14-4　测距原理

2. 蜂鸣器

蜂鸣器是一种一体化结构的电子讯响器，采用直流电压供电，广泛应用于计算机、打印机、复印机、报警器、电子玩具、汽车电子设备、电话机和定时器等电子产品中作发声器件，如图 14-5 所示。有源蜂鸣器模块简单易操作，只需提供高低电平就可进行发声，可以和开关结合控制蜂鸣器，可用于报警、闹铃等系统中。

图 14-5　蜂鸣器模块

14.1.2　软件功能模块学习

在桌面上双击 图标，开启 Scratch CS 软件。本课涉及的主要命令功能模块有以下几个。

1. 超声波测距模块 读取超声波传感器接口 P2,3 距离

在"Arduino 模块"选项中的读取传感器模块部分可以找到读取超声波传感器数值的命令模块，该模块连接的对应数字端口为 D2、D3 端口，所以在使用超声波时，数字 D2 和 D3 端口不能用于其他传感器。读取超声波传感器数值的方式与读取模拟传感器数值的方式相同，参考程序如图 14-6 所示。

图 14-6　超声波测距程序

2. 设置有源蜂鸣器的开关命令 设置 有源蜂鸣器 6▼ 为 开

在"Arduino 模块"选项中可以找到设置 LED 开关的命令模块 设置 LED灯▼ 2▼ 为 开 ，单击"LED 灯"后的倒三角选择"有源蜂鸣器"，该模块的功能与 LED 灯的开关形式是一样的，当设置有源蜂鸣器为开时，蜂鸣器将会发出声音，可以用该模块实现蜂鸣器的报警声音。参考程序如图 14-7 所示。

3. 蜂鸣器音调模块 设置引脚 6▼ 音调为 C2 节拍为 1/2

在"Arduino 模块"选项中可以找到设置蜂鸣器音调模块，蜂鸣器音调模块的展开图如图 14-8 所示。

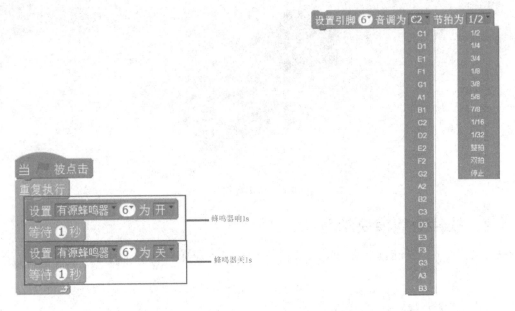

图 14-7　蜂鸣器的报警声音时长控制　　　　图 14-8　蜂鸣器音调模块展开图

　　蜂鸣器的主要功能是播放音调，音调范围为 C～B，总共 7 个音调，主要音调与音符对照参看表 14-2。

表 14-2　音调与音符对照

音调	C	D	E	F	G	A	B
音符	Do	Re	Mi	Fa	So	La	Si
音阶	C1、C2、C3	D1、D2、D3	E1、E2、E3	F1、F2、F3	G1、G2、G3	A1、A2、A3	B1、B2、B3

4. 且运算

　　如果第一个条件与第二个条件都为"真"，则返回值也为"真"。如果两个条件中有一个条件为"假"，那么返回值就为"假"。且运算关系表如表 14-3 所示。

表 14-3　运算关系表

A 条件	B 条件	返 回 值
A 正确"真"	B 为"真"	真
A 正确"真"	B 为"假"	假
A 正确"假"	B 为"假"	假
范例	1. 1 < 2 且 1 = 1 条件为真返回值为真 2. 4 < distance 且 distance < 20 用于取值范围的设定，表示 distance 为 4～20	

14.2　创　意　搭　建

现在使用创意搭建套包中的搭建模块，一起设计搭建一栋大厦剪影吧。图 2-10 所示为搭建方案示意。

14.2.1　搭建前的准备

搭建开始之前先进行材料的准备，准备的材料有 1 个主控板，3 根 3P 导线，蜂鸣器，红色 LED 灯，1 个绿色 LED 灯，4 节 5 号电池，4050、4060 铆钉若干，1 个电池盒，1 个铆钉起及各种类型拼的接板，如图 14-9 所示。

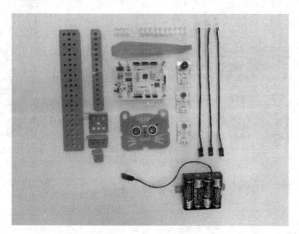

图 14-9　搭建材料示意图

14.2.2　搭建步骤图示

1. 创意搭建过程

(1) 取出 2 个"直角支架 1×3"和 3 个"梁 C-12"，8 个"铆钉 4060"，按图 14-10 所示连接。

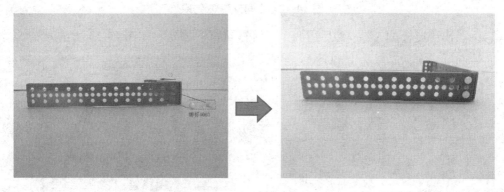

图 14-10　梁的连接

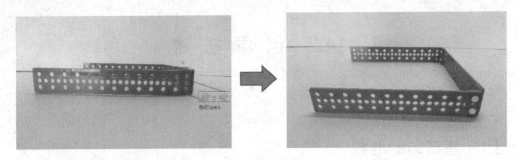

图 14-10　梁的连接(续)

(2)　取出 2 个"铆钉 4060"将一个"连杆 15A"固定，如图 14-11 所示。

图 14-11　连杆的固定

(3)　取出两个"铆钉 4060"将"直角支架 1-1"固定，如图 14-12 所示。

图 14-12　直角支架的连接

(4)　取出"连杆 11A"，然后用两个"铆钉 4060"固定，如图 14-13 所示。

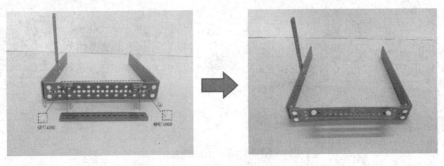

图 14-13　连杆的固定

(5) 取出"连杆 11A",然后用 2 个"铆钉 4060"固定在角支架 3-3 上,如图 14-14 所示。

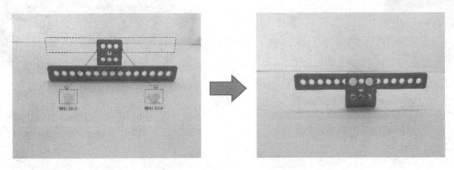

图 14-14　连杆与支架的固定

2. 控制板与 LED 灯和光线传感器的连接

(1) 将 3 根"3P 导线"的白色一端分别与红色 LED、绿色 LED 及蜂鸣器相连,如图 14-15 所示。

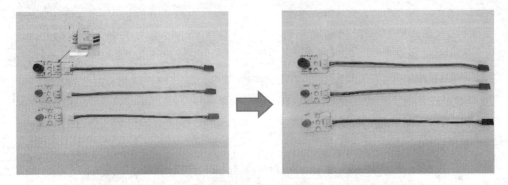

图 14-15　导线与 LED 灯和传感器的连接

(2) 将绿色 LED 灯与"数字口 4"相连,红色 LED 灯与"数字口 5"相连,蜂鸣器与"数字口 6"相连,如图 14-16 所示。

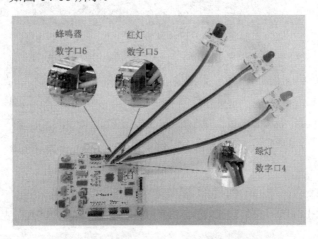

图 14-16　导线与 LED 灯及控制板的连接

(3) 将"超声波传感器"与控制板超声波接口相连接，如图 14-17 所示。

图 14-17　"超声波传感器"与控制板的连接

(4) 将"控制板"与做好的底座相连接，如图 14-18 所示。

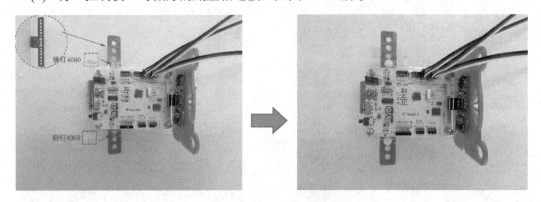

图 14-18　控制板与底座的连接

(5) 将"控制板"与停车系统相连接，如图 14-19 所示。

图 14-19　控制板与车库的固定

(6) 将绿色 LED 灯、红色 LED 灯、蜂鸣器固定在"连杆 15A"上，按如图 14-20 所示连接。

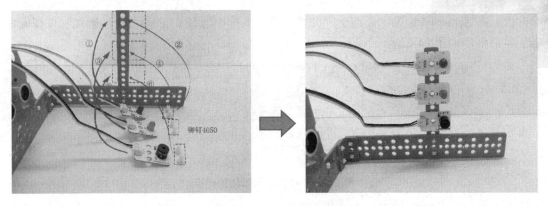

图 14-20　LED 灯的固定

(7)　将电池盒与控制板连接，这样我们的停车系统就做好了，如图 14-21 所示。

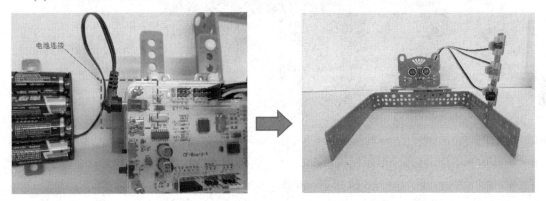

图 14-21　停车库的完整形式

14.3　开启编程之旅

一切准备就绪，现在起航，开始编程之旅吧！

"智能车库"作品最终实现的目标是，当车库没有车停放时，绿灯亮，提示有车位可以停车。当有车辆存在时，红色 LED 灯亮，表示此处无车位。当停车过程中靠近障碍物太近时，会发出报警声音提示注意停车的距离。要实现这一目的，在编程的时候通常需要分三个步骤。

(1)　软硬件连接。

(2)　编写程序。

(3)　连接调试。

14.3.1　软硬件连接

软硬件连接的具体操作步骤如下。

(1)　将准备好的控制主板与 USB 数据线连接好，将 USB 数据线的另一端连接到计算机的 USB 端口上，确保控制板上的电源是打开的。

(2) 在 Scratch CS 工作界面中，在"连接"菜单中选择 COM6 命令，确保软件和硬件能正常通信，如图 14-22 所示。

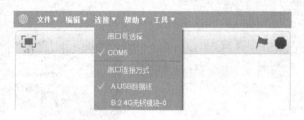

图 14-22　控制板与电脑的连接

(3) 执行"连接"→"固件上传"命令，此时在软件中设置的所有程序会自动上传到控制主板中并执行，如图 14-23 所示。

图 14-23　执行"固件上传"命令

14.3.2　编写程序

接下来进行程序的编写，我们需要检测有没有车辆存在，如果超声波检测距离值大于 20cm，说明没有车辆存在，绿色 LED 灯亮起；如果检测 0～20cm 内有车辆存在，红色 LED 灯亮起；当检测到车辆距离障碍物小于 4cm 时，蜂鸣器发出报警声音。

1. 获取超声波传感器的值，检测有无车辆

首先获取超声波传感器的值，当数值大于 20cm 时，绿色 LED 灯亮(插在 4 号端口)，具体操作步骤如下。

(1) 将"事件"中的 模块、"控制"中的"重复执行"模块拖曳到脚本区，如图 14-24 所示。

图 14-24　程序的基本命令

(2) 在"数据"选项中新建变量名为 distance，将 `distance 设定为 0` 拖曳到"重复执行"内，然后将"Arduino 模块"选项中的超声波读取命令 `读取超声波传感器接口 P2,3 距离` 赋值给变量 distance，参考程序如图 14-25 所示。

(3) 如果超声波传感器的值大于 20，那么绿色 LED 灯亮，表示没有车停靠。需要用到条件判断命令、逻辑判断命令、LED 灯控制命令 `设置 LED灯 4 为 开`，根据关系参考程序如图 14-26 所示。

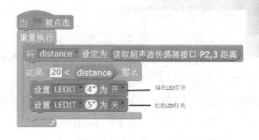

图 14-25　读取超声波传感器的值　　　　图 14-26　车库无车绿色 LED 灯亮

2. 车库中有车，红灯亮

当超声波传感器的值小于 20cm 时，表示车库中有车辆存在，红色 LED 灯亮，绿色 LED 灯灭。根据条件编写程序，如图 14-27 所示。

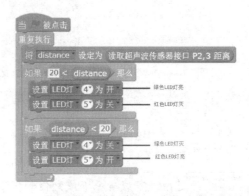

图 14-27　判断车库有车还是没车

知识加油站：选择结构的变式，如图 14-28 所示。

条件满足的时候，执行"那么"中的语句；条件不满足的时候，执行"否则"中的语句。

巧记：一个人走在三岔路口，当知道哪一个路通向目的地的时候(相当于条件满足)，然后走向其中的一条路(相当于执行)，反之走向另一条路(相当于否则执行)。如图 14-29 所示为改写的程序。

图 14-28　结构的变式　　　　　图 14-29　程序改写示意

3. 报警功能的实现

当车辆距离障碍物的距离小于 4cm 时，蜂鸣器以 1s 为单位发出报警声音。

首先控制蜂鸣器发出以 1s 为单位的报警声音，在"Arduino 模块"选项中找到设置 LED 开关的命令模块 设置 LED灯 2 为 开 ，单击"LED 灯"后的倒三角，选择"有源蜂鸣器"，该模块的功能与 LED 灯的开关形式是一样的，通过"控制"选项中的"等待模块"的参数设置完成控制。参考程序如图 14-30 所示。

添加报警控制的逻辑条件如图 14-31 所示。

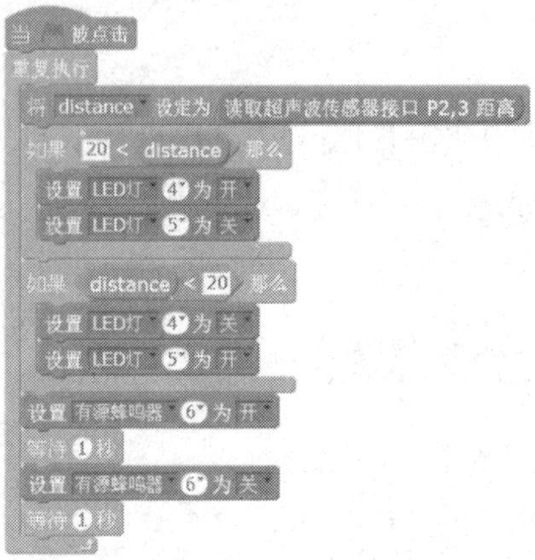

图 14-30　蜂鸣器报警程序示意　　　　图 14-31　添加逻辑条件后的蜂鸣器报警程序

提示：将 当 被点击 切换成 Arduino 程序 ，通过离线下载命令下载到控制板上，测试智能车库的功能。

14.4　知　识　拓　展

蜂鸣器乐器

前面都是通过计算机来发出不同的乐器声音，如何脱离计算机发出不同的乐器声音呢？这里通过蜂鸣器音调模块来发出 Do、Re、Mi、Fa、So、La、Si 的不同音调，参考程序如图 14-32 所示。

图 14-32　音调参考程序

第15章 奔跑吧！机器人

机器人现在在生活中已经很常见，但是对于机器人是如何控制的，很多人还不是很清楚。本章主要介绍如何通过计算机编程控制机器人实现不同的运动，通过实现机器人向前运动 2s、后退 2s 的功能，学习电动机控制模块的使用原理和使用方法，并掌握如何通过程序控制电动机的速度和方向。

本章主要包括以下内容。

◎ 电动机控制模块的使用方法。

◎ 通过软件编程控制电动机的速度和方向。

◎ 实现机器人向前运动和后退运动。

◎ 实现机器人向左转指定角度之后停止指定时间，向右转指定角度停止指定时间。

◎ 通过计算机键盘控制机器人实现不同形式的运动。

情景故事

随着科技的发展，机器人已经走进了人们的日常生活，它们可以帮助人们打理家务，解决困难，帮助我们完成大部分工作，人们所做的只是给它们下达命令，是不是很神奇呢？图 15-1 所示为服务机器人的工作场景。

图 15-1 服务机器人的工作场景

知识技能

通过编程实现机器人不同形式的运动。

◎ 前进后退运动：实现机器人向前运动 2s，后退 2s。

◎ 左右转 90°：实现机器人向左转 90° 之后停止 2s，向右转 90° 停止 2s。

软件模块

模　块	分　类	解　析
设置电机 M1 方向为 正转 速度为 120	Arduino 模块	设置电动机转速及转向，第一个参数表示端口连接有 M1、M2、M3、M4 四种；第二个参数表示选择电动机转向；第三个参数表示转速 (0～255，数值越大，转速越快)
设置电机 M1 方向为 正转 速度为 120 设置电机 M2 方向为 正转 速度为 120	Arduino 模块	设置两个电动机的速度为 120，所以机器人实现前进运动
设置电机 M1 方向为 正转 速度为 0 设置电机 M2 方向为 正转 速度为 0	Arduino 模块	设置两个电动机的速度为 0，所以机器人实现停止运动
设置电机 M1 方向为 正转 速度为 120 设置电机 M2 方向为 正转 速度为 0	Arduino 模块	左侧电动机向前运动，右侧电动机停止运动，所以机器人实现右转
设置电机 M1 方向为 正转 速度为 0 设置电机 M2 方向为 正转 速度为 120	Arduino 模块	左侧电动机停止运动，右侧电动机向前运动，所以机器人实现左转

15.1　知　识　准　备

在学习本章内容之前，首先需要组装好机器人，了解电动机的差速驱动原理，学会如何控制机器人实现不同的运动。

15.1.1　机器人的组装

在本章的学习中，将使用的硬件主要有 Arduino 主板模块、电动机、轮子、万向轮、USB 数据线等。在本书选配的学习套包中拿出相应的硬件一起认识一下吧！图 15-2 所示为即将使用的模块和工具。

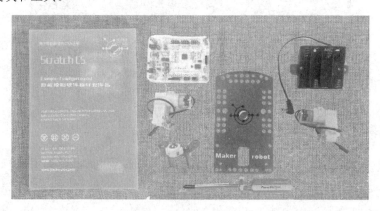

图 15-2　即将使用的模块和工具

1. 自己动手组装机器人

根据组装说明书，动手将机器人组装起来。

(1)　万向轮的组装，如图 15-3 所示。

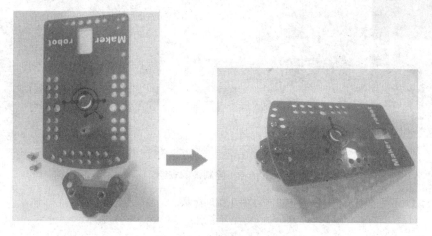

图 15-3　万向轮的组装

(2)　电动机的组装，如图 15-4 所示。

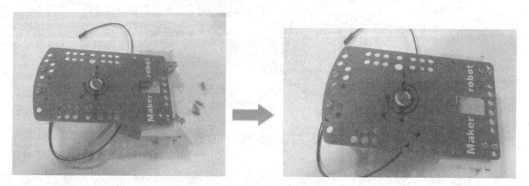

图 15-4　电动机的组装

(3)　电池盒的安装，如图 15-5 所示。

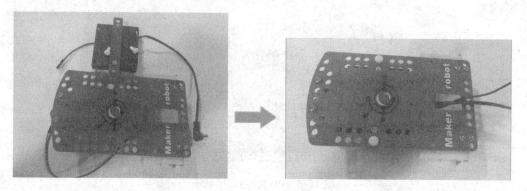

图 15-5　电池盒的安装

(4)　控制板的安装，如图 15-6 所示。

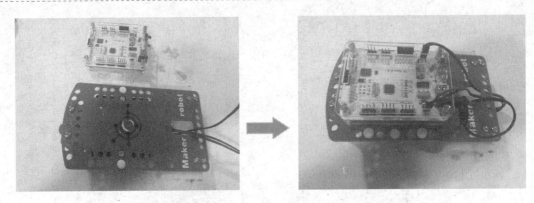

图 15-6　控制板的安装

(5)　将轮子安装上，组装完成，如图 15-7 所示。

图 15-7　机器人组装完成图

2. 线路的连接

将两个电动机的连接线分别连接到控制板的 M1 和 M2 端口，左侧的电动机连接 M1，右侧的电动机连接 M2。连接时要注意，黑色的线要对应黑的点，具体连接方式如图 15-8 所示。

图 15-8　电动机连接示意图

15.1.2　软件功能模块学习

电动机设置模块 设置电机 M1 方向为 正转 速度为 120

电动机设置命令模块由三部分组成，分别是功能电动机端口设置选项、方向设置选项和速度控制文本框。在电动机端口设置选项中可以选择 M1、M2、M3、M4 选项。在方向选项中可以控制电动机的正转与反转。要注意的是，电动机速度的取值范围为 0～255，数值越大，速度越快，如图 15-9 所示。

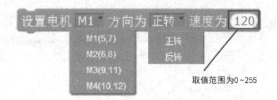

图 15-9　展开的电动机命令模块的选项

15.2　开启编程之旅

一切准备就绪，现在起航，开始编程之旅吧！

"奔跑吧！机器人"作品最终实现的目标是能够让机器人动起来，能够让机器人向前运动 2s，然后后退 2s，并具有转弯功能。要实现这一目的，在编程的时候通常需要分三个步骤。

(1)　软硬件连接。

(2)　编写程序。

(3)　连接调试。

15.2.1　软硬件连接

软硬件连接的具体操作步骤如下。

(1)　将准备好的控制主板与 USB 数据线连接好，将 USB 数据线的另一端口连接到计算机的 USB 端口上，确保控制板上的电源是打开的。

(2)　在 Scratch CS 工作界面中，在"连接"菜单中选择 COM6 命令，确保软件和硬件能正常通信，如图 15-10 所示。

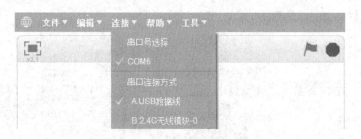

图 15-10　控制板与计算机的连接

(3)　执行"连接"→"固件上传"命令，此时在软件中设置的所有程序会自动上传到控制主板中并执行，如图 15-11 所示。

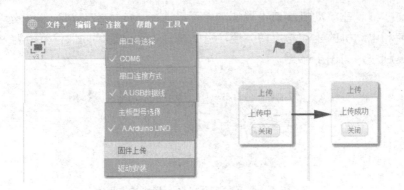

图 15-11　执行"固件上传"命令

15.2.2　编写程序

接下来进行程序的编写，首先需要实现智能车向前运动 2s、再向后运动 2s 的功能；然后实现机器人自动转弯的功能，最后实现机器人的脱机运行。

1. 机器人先向前运动、再向后运动功能

（1）将"事件"中的 模块、"控制"中的"重复执行"模块拖曳到脚本区，如图 15-12 所示。

图 15-12　程序的基本命令

（2）选择"Arduino 模块"选项中的电动机设置模块 ，将该模块拖曳到"重复执行"模块内，右击选择复制该模块，然后将第二个模块的电动机端口设置成 M2。具体操作如图 15-13 所示。

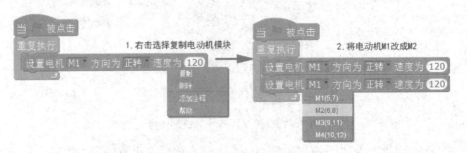

图 15-13　机器人的直线运动

提示：在单击小绿旗标志之前，首先将机器人小车放置在地上，以免摔坏。放置好后单击小绿旗标志观察小车的运动情况，结果是不是小车一直在向前走呢？

（3）将"控制"选项中的等待模块  拖曳到"重复执行"模块内，更改等待时间，给程序添加后退命令，如图 15-14 所示。

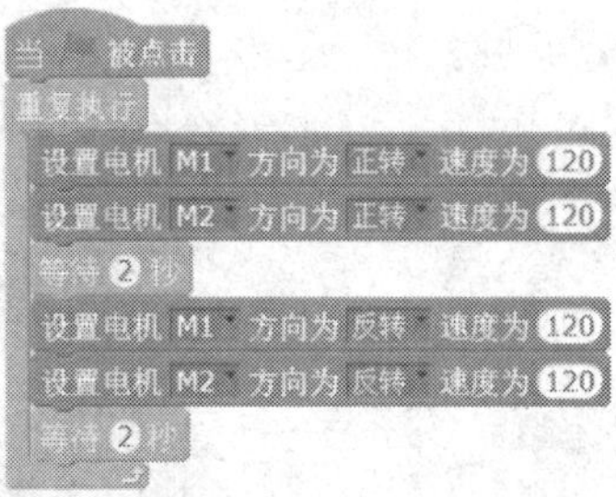

图 15-14　设置机器人前后运动

2. 机器人的转弯功能

实现机器人先向前运动 1.5s，然后右转 90°，重复这个动作使机器人能够绘制出正方形。

实现这个功能需要让两个电动机的速度有一定的差值，调整等待的时间来控制机器人的转弯角度，参考程序如图 15-15 所示。

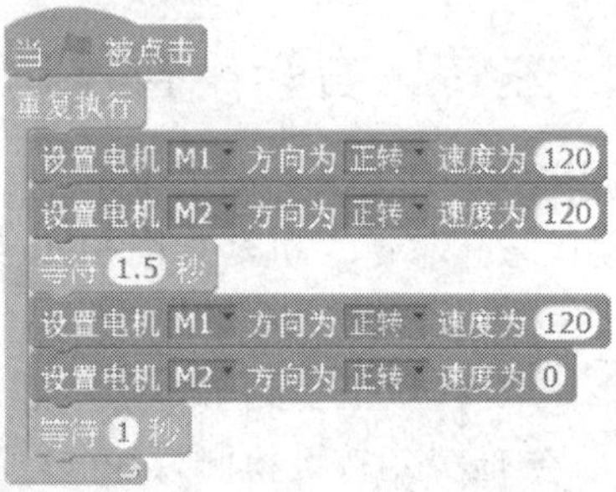

图 15-15　机器人实现转弯运动

3. 机器人的脱机运动

现在编写的程序如果需要运行，就必须将 USB 线连接到控制板和计算机上，一旦脱离计算机程序就无法运行了，如果需要脱离计算机，需要进行离线下载。

（1）将程序中的  模块替换成"Arduino 模块"中的  ，具体操作如图 15-16 所示。

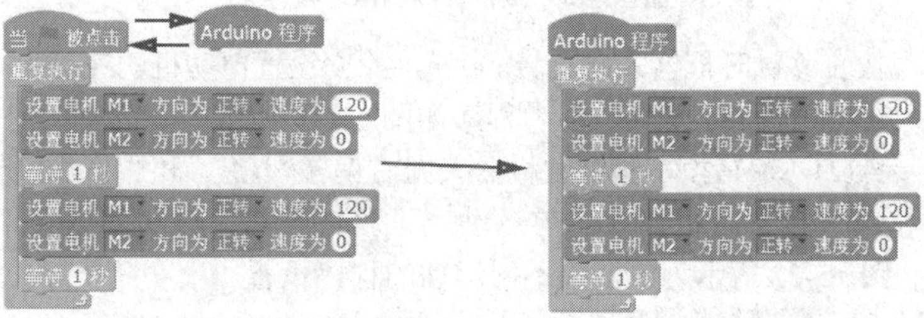

图 15-16　使用脱机运行模块"Arduino 程序"

(2) 将鼠标指针移动到"Arduino 程序"上，右击选择"上传到 arduino"命令，等待程序显示"上传成功"提示，如图 15-17 所示。

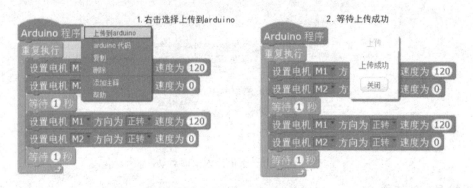

图 15-17　程序的离线下载

提示：拔掉 USB 电源，观察机器人是不是绘制正方形？

15.3　知 识 拓 展

控制机器人前进、后退、左转、右转、暂停运动程序的实现

为了更好地控制机器人不同形式的运动，用计算机按键来控制机器人的运动。按计算机上的空格键，机器人停止运动；按左移键，机器人向左转 90°；按右移键，机器人向右转 90°；按上移键，机器人前进；按下移键，机器人后退。具体操作步骤如下。

(1) 将"事件"选项中的 当按下 空格键 模块拖曳到脚本区，然后将"Arduino 模块"中的电动机控制模块 设置电机 M1 方向为 正转 速度为 120 拖曳到按键检测模块下，复制该模块并修改电动机端口和电动机速度，具体操作如图 15-18 所示。

图 15-18　空格键控制电动机停止

(2) 要实现按左移键时机器人向左转 90°，我们设置电动机的速度为 120，那么右电动机 M2 正转，左电动机 M1 反转，参考程序如图 15-19 所示。

(3) 根据步骤(2)，编写按右移键时机器人向右偏转程序，如图 15-20 所示。

(4) 当上移键被按下时机器人向前运动，下移键被按下时机器人后退，参考程序如图 15-21 所示。图 15-22 所示为机器人不同运动的程序设置。

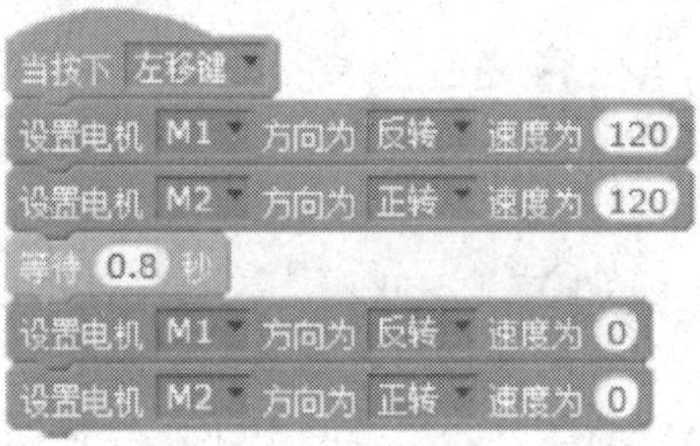

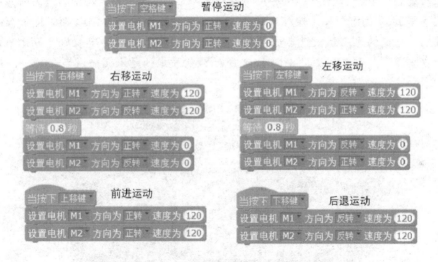

图 15-19 机器人左转 90° 程序 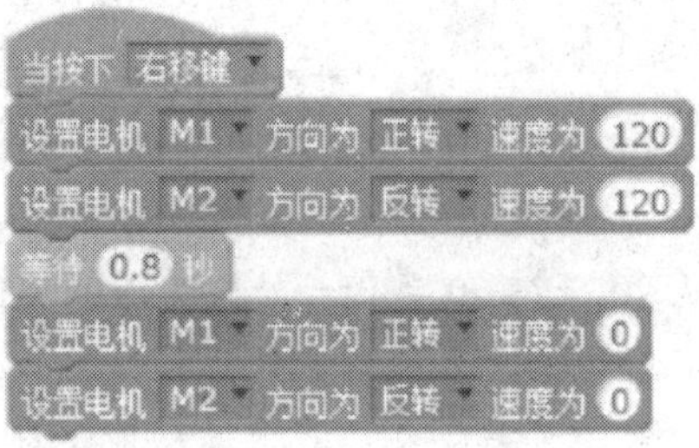　　　　　　图 15-20 机器人右转 90° 程序

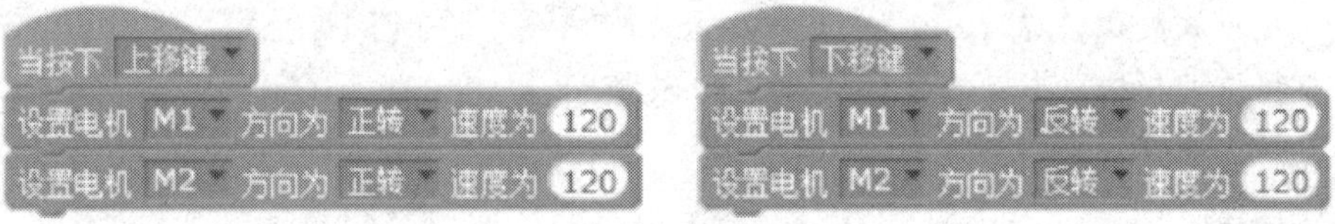

图 15-21 机器人的前进、后退运动

图 15-22 用计算机控制机器人的不同运动

第16章 避障机器人

从20世纪70年代开始，美国、英国、德国等发达国家开始进行无人驾驶汽车的研究，现在无人驾驶汽车技术已经比较成熟，无人驾驶汽车的主要功能是自动避障功能，而本章主要介绍如何实现自动避障的功能。通过对本章内容的学习，了解如何获取超声波模块的值，如何通过红外避障模块实现机器人自动躲避障碍物功能。

本章主要包括以下内容。

◎ 超声波测距的原理。

◎ 超声波模块获取前方物体的距离的原理。

◎ 红外避障传感器的原理。

情景故事

无人驾驶汽车是智能汽车的一种，也称为轮式移动机器人，主要依靠以车内的计算机系统为主的智能驾驶仪来实现无人驾驶的目标。从20世纪70年代开始，美国、英国、德国等发达国家开始进行无人驾驶汽车的研究，在可行性和实用性方面都取得了突破性的进展。世界上最先进的无人驾驶汽车已经测试行驶近50万千米，其中最后8万千米是在没有任何人为安全干预措施下完成的。图16-1所示为行驶中的无人驾驶汽车。

图 16-1 行驶中的无人驾驶汽车

知识技能

通过超声波传感器和红外避障传感器实现机器人的自动避障功能。

◎ 超声波避障机器人：通过超声波传感器检测10cm内有没有障碍物，如果检测到前方有障碍物，将会自动向右偏转90°；

◎ 红外避障机器人：通过两个红外避障传感器检测前方有没有障碍物。当左前方有障碍物时，机器人往右偏90°；当右前方有障碍物时，机器人向左偏转90°。

软件模块

模　块	分　类	解　析
读取超声波传感器接口 P2,3 距离	Arduino 模块	读取超声波测距模块与前方障碍物的距离，返回值为距离(厘米)，获取数据所使用的端口为 D2、D3 端口。所以 D2、D3 端口无法使用
读取 红外避障 传感器 (数字) 4▼	Arduino 模块	读取数字类传感器的值(数字类器件包括：按键、雨滴、干簧管、霍尔、人体红外、红外避障、倾斜开关等)

16.1　知　识　准　备

了解无人驾驶技术，获取无人驾驶汽车自动避障的相关原理，了解避障传感器的使用方法。

16.1.1　认识硬件

在本章的学习中，将使用的硬件主要有 Arduino 主板模块、超声波传感器、红外避障传感器、导线、USB 数据线等。在本书选配的学习套包中拿出这些模块一起认识一下吧！图 16-2 所示为使用的模块实景照片。

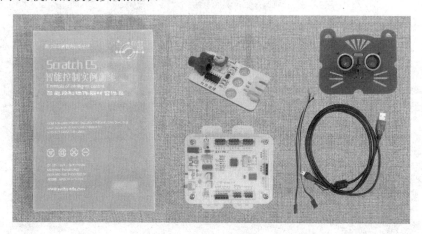

图 16-2　即将使用的模块

红外避障传感器如图 16-3 所示，主要用于检测前方有没有障碍物，该传感器为数字传感器，所以需要连接到 D2~D13 数字引脚上。避障传感器模块的有效测距为 10cm，输出的信号为数字信号，当检测到障碍物时，输出 1(高电平)，否则输出 0(低电平)。

超声波传感器如图 16-4 所示，该传感器的主要功能是侦测距离，侦测距离为 3~400cm，最佳侦测角度在 30° 以内。它是基于声呐原理的，通过发射的一连串调制后的超声波与其回波的时间差来得知传感器与目标物体间的距离值。其性能比较稳定，测度距离精确，盲区为 2cm。

图 16-3　红外避障传感器

图 16-4　超声波模块

16.1.2　软件功能模块学习

获取红外避障传感器的值 读取 红外避障 传感器（数字） 4

单击"Arduino 模块"选项，选择按钮设置模块 读取 按钮 传感器（数字） 4 ，用鼠标单击"按钮"右侧的倒三角，在展开的选项列表中选择"红外避障"选项。单击 4 右侧的倒三角，在展开的选项列表中可以选择红外避障传感器的数字端口，如图 16-5 所示。

图 16-5　设置模块的展开图

16.2　创 意 搭 建

现在使用创意搭建套包中的搭建模块和避障传感器模块，一起设计安装智能机器人的眼睛，图 16-6 所示为搭建方案示意。

图 16-6　搭建示意图

16.2.1　搭建前的准备

　　搭建开始之前先准备材料，准备的材料有组装好的机器人，2 根 3P 导线，2 个红外避障传感器，1 个超声波传感器，4050、4060 铆钉若干，1 个铆钉起及各种类型的拼接板，如图 16-7 所示。

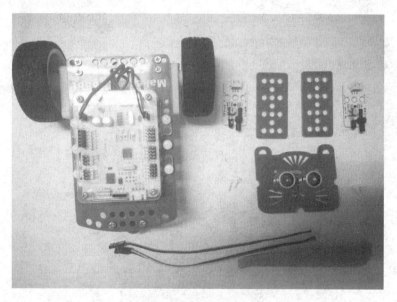

图 16-7　搭建材料示意图

16.2.2　搭建步骤图示

1. 创意搭建过程

取出 2 个"梁 A-4"、4 个"铆钉 4060"，按图 16-8 所示进行连接。

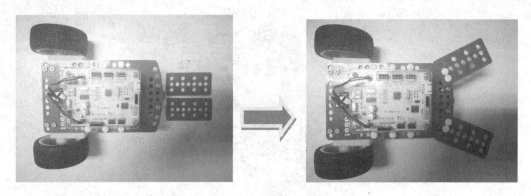

图 16-8　小车梁的连接

2. 控制板与超声波传感器及红外避障传感器的连接

将红外避障模块连接到数字端口 D10 和 D11，连接的时候一定要注意传输线与主板引脚的颜色要对应，然后将红外避障传感器通过铆钉固定，如图 16-9 所示。最后将 "超声波传感器" 与控制板超声波接口相连接，如图 16-10 所示。

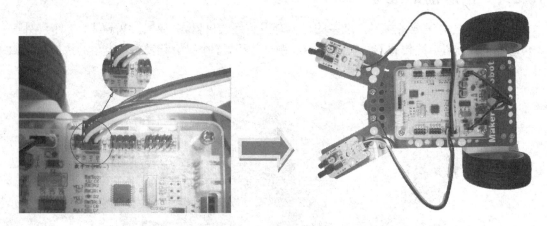

图 16-9　线路连接示意图

图 16-10　超声波传感器的连接

16.3 开启编程之旅

一切准备就绪，现在起航，开始编程之旅吧！

"避障机器人"作品最终实现的目标是能够使机器人在向前运动的过程中自动躲避障碍物，会用到两种传感器，分别是超声波传感器和红外避障传感器。要实现这一目的，在编程的时候通常需要分三个步骤。

(1) 软硬件连接。

(2) 编写程序。

(3) 连接调试。

16.3.1 软硬件连接

软硬件连接的具体操作步骤如下。

(1) 将准备好的控制主板与 USB 数据线连接好，将 USB 数据线的另一端口连接到计算机能 USB 端口上，确保控制板上的电源是打开的。

(2) 在 Scratch CS 工作界面中，在"连接"菜单中选中 COM6 选项，确保软件和硬件能正常通信，如图 16-11 所示。

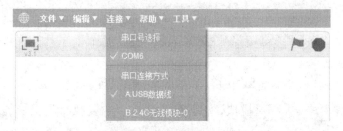

图 16-11　控制板与计算机的连接

(3) 执行"连接"→"固件上传"命令，此时在软件中设置的所有程序会自动上传到控制主板中并执行，如图 16-12 所示。

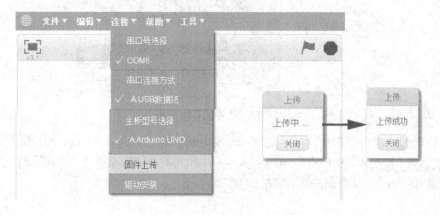

图 16-12　执行"固件上传"命令

16.3.2 编写程序

接下来进行程序的编写，首先通过超声波传感器实现自动测距的功能，然后再通过红外避障传感器实现自动避障的功能，当左前方红外避障传感器检测到有障碍物时，机器人往右偏转 90°；当右前方检测到有障碍物时，机器人向左偏转 90°。最后实现机器人的离线下载。

1. 超声波自动避障机器人的制作

程序开始执行时机器人前进，并侦测机器人与障碍物间的距离，如果机器人与障碍物间距离小于 10cm，机器人会左转 90°继续前进。实现这个功能的具体步骤如下。

（1）实现偏转 90°的功能，这里我们用空格键来控制机器人自动偏转 90°。选择"控制"选项中按键控制命令模块 当按下 空格键，将该模块拖曳到脚本区，然后将"Arduino 模块"中的 设置电机 M1 方向为 正转 速度为 120 模块拖曳到脚本区，根据功能编写程序如图 16-13 所示。

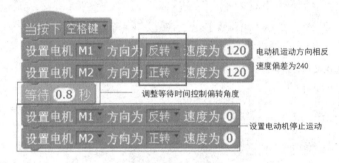

图 16-13　控制机器人偏转 90°

（2）将"事件"中的 当 被点击 模块、"控制"中的"重复执行"模块拖曳到脚本区，如图 16-14 所示。

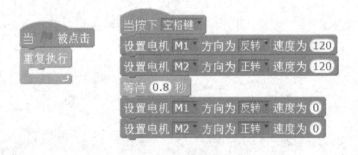

图 16-14　程序的基本命令

（3）获取超声波传感器值。在"数据"选项中新建变量名为 distance，将 把 distance 设定为 0 拖曳到"重复执行"模块内，然后将"Arduino 模块"中的超声波读取命令模块 读取超声波传感器接口 P2,3 距离 赋值给变量 distance，参考程序如图 16-15 所示。

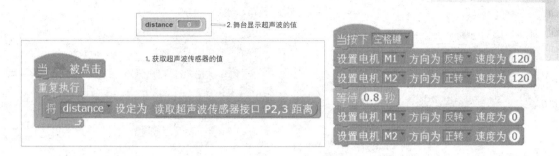

图 16-15　获取超声波传感器的值

(4)　当超声波传感器的值小于 10cm 时，机器人会向左偏转 90°，根据条件编写程序如图 16-16 所示。

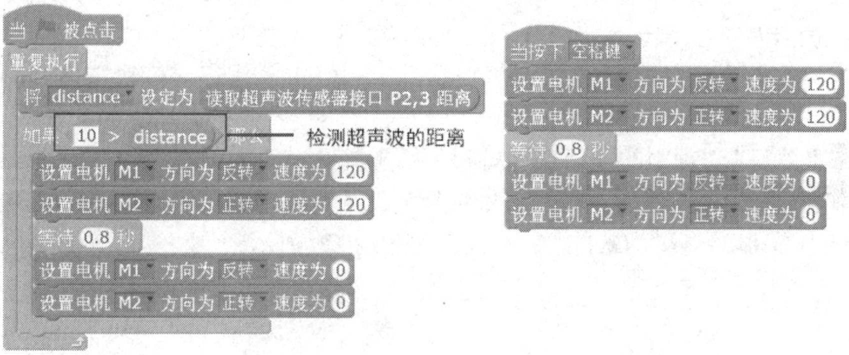

图 16-16　机器人自动避障程序

提示: 当用障碍物慢慢靠近智能车到距离小于 10cm 时，智能车会向左偏转 90°，如图 16-17 所示。

图 16-17　放置障碍物示意图

(5)　在没有遇到障碍物的时候，机器人是需要向前运动的，所以根据条件需要添加直行命令，用"控制"选项中的　命令替换 　命令。具体操作步骤如图 16-18 所示。

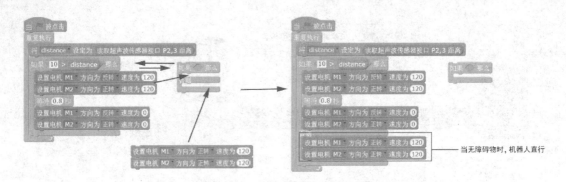

当无障碍物时，机器人直行

图 16-18　添加智能车直行程序

2. 红外避障机器人的制作

当左前方红外避障传感器检测到有障碍物时，机器人往右偏 90°。当右前方检测到有障碍物时，机器人向左偏转 90°，具体操作步骤如下。

(1) 将"事件"中的 模块、"控制"中的"重复执行"模块拖曳到脚本区，如图 16-19 所示。

(2) 将"外观"选项中的 拖曳到"重复执行"模块内，然后将 放置到 内，将端口号选择为红外避障传感器的连接端口(左侧红外传感器连接端口为 D10，右侧为 D11)，参考程序如图 16-20 所示。

图 16-19　程序的基本命令　　　　　　图 16-20　获取红外避障传感器的值

> 提示：红外避障传感器可识别前方一定范围内是否有障碍物，具体执行方式如下：单击小
> 　　　绿旗标志，手靠近红外避障传感器 10cm 左右时，会发现小猫说话由 false(代表 0)变
> 　　　为 true(代表 1)，代表前方有障碍物，如图 16-21 所示。

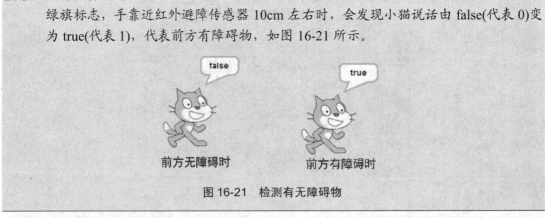

前方无障碍时　　　　　　　前方有障碍时

图 16-21　检测有无障碍物

(3) 当左侧有障碍物时，机器人向右偏，所以 M1 向前运动、M2 向后运动。为了能够离线下载，需要将 从"重复执行"模块内移除，根据功能编写程序如图

16-22 所示。

(4) 当右侧有障碍物时，机器人向左偏转，所以 M2 向前运动、M1 向后运动，编写程序如图 16-23 所示。

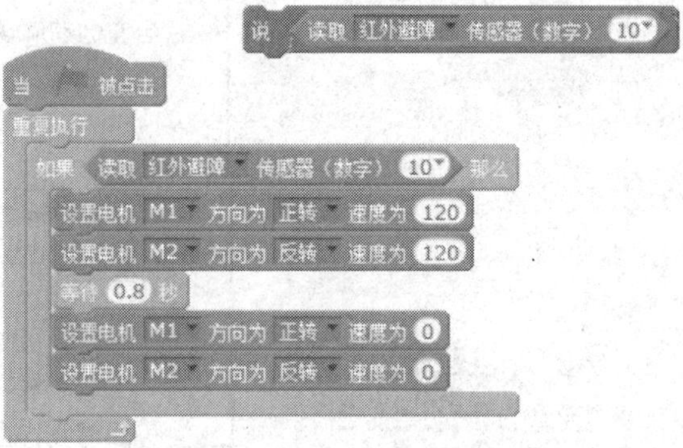

图 16-22　添加左侧红外避障程序

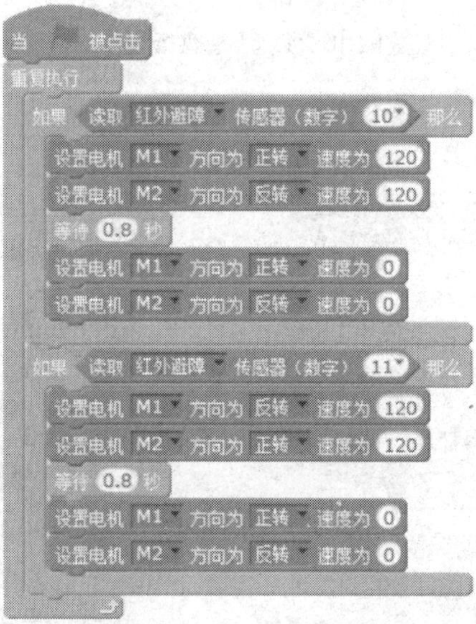

图 16-23　添加右侧红外避障程序

(5) 当红外避障传感器没有检测到障碍物时，机器人会直线运动，根据条件需要将直行命令添加到"重复执行"模块内，参考程序如图 16-24 所示。

3. 机器人的脱机运行

(1) 将程序中的 ▇▇▇▇ 替换成"Arduino 模块"中的 ▇▇▇▇，具体操作如图 16-25 所示。

(2) 将鼠标移动到"Arduino 程序"上，右击并选择"上传到 arduino"命令，等待程序显示"上传成功"提示，如图 16-26 所示。

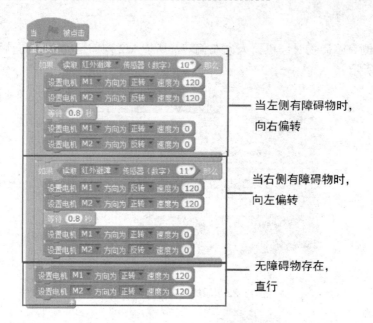

当左侧有障碍物时，
向右偏转

当右侧有障碍物时，
向左偏转

无障碍物存在，
直行

图 16-24　添加直行程序

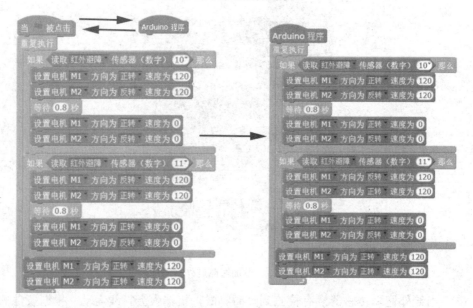

图 16-25　使用脱机运行模块"Arduino 程序"

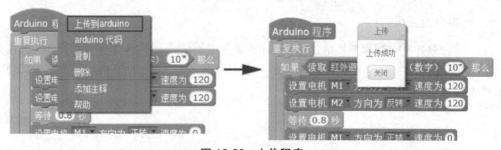

图 16-26　上传程序

提示：拔掉 USB 电源，观察机器人是不是能够自动躲避障碍物？

16.4　知识拓展

跟人的机器人

　　在一些科幻电影中，经常会看到机器人跟着人的运动轨迹运动，那么机器人的这种跟人运动是怎么实现的呢？深入理解"跟随"这个词，包含两个步骤：①知道目标在哪；②能跟着目标运动。在跟随的过程中，人还需要躲避障碍物，所以又多了两个事情，识别障碍和躲避障碍。要实现跟随功能至少需要包含四个技术模块：人体定位模块、障碍物识别模块、动态路径规划和避障模块、机器人行走模块。

　　在本节的任务扩展中，通过超声波传感器和红外避障传感器实现机器人与人的距离保持在 20cm 之内，当超过这个距离时机器人会向前运动，当与人的距离在 20cm 以内时，机器人停止运动。向机器人的左侧运动时，机器人也会跟着向左。图 16-27 所示为跟人的机器人示意图。

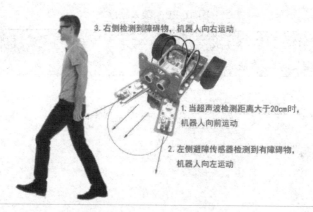

3. 右侧检测到障碍物，机器人向右运动

1. 当超声波检测距离大于20cm时，机器人向前运动

2. 左侧避障传感器检测到有障碍物，机器人向左运动

图 16-27　跟人的机器人示意图

　　首先实现用超声波检测与人的距离，距离大于 20cm 时，向前运动；距离小于 20cm 时，停止运动。根据逻辑关系需要用到"控制"选项中的 　　　模块，根据条件编写程序如图 16-28 所示。

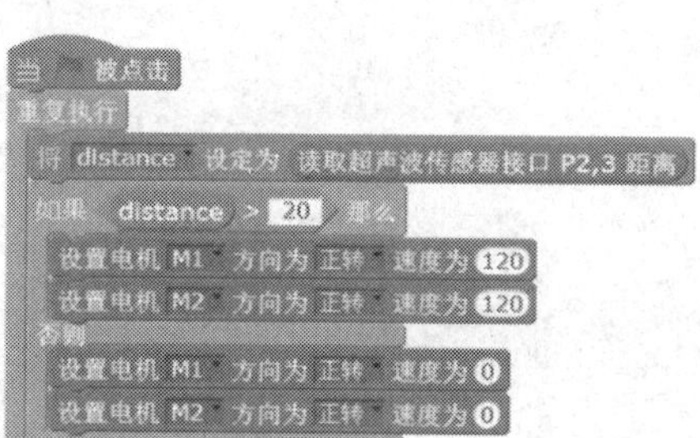

图 16-28　超声波跟人程序

当人往左走或者往右走时，机器人也会跟着向左或向右运动，具体参考程序如图 16-29 所示。

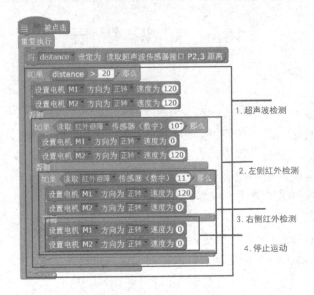

图 16-29　跟人程序

提示： 将程序中的 模块替换成"Arduino 模块"中的 模块，进行离线下载，体验机器人跟人运动的快乐。

第 17 章　红外遥控灭火机器人

红外遥控器是生活中经常见到的东西，比如家里的电视或者空调就要用红外遥控器来控制。本章将实现通过红外遥控器控制机器人灭火的功能，以学习如何获取红外遥控器的键值，并能够通过编写程序实现用红外遥控器控制机器人进行灭火。

本章主要包括以下内容。

◎　红外遥控器键值的获取方式。

◎　编写程序获取键值以填写红外遥控器的键值表。

◎　通过红外遥控器控制机器人的前进与后退功能。

◎　通过红外遥控器控制机器人。

◎　通过红外遥控器控制高速风扇的开启与关闭。

情景故事

遥控机器人是一种可在对人有害或人不能接近的环境里，代替人去完成一定任务的远距离操作设备，而正是这些危险、恶劣、有害环境推动了机器人的发展。图 17-1 所示为遥控机器人。如何实现一个遥控灭火机器人呢？下面我们一起来设计制作吧。

图 17-1　遥控机器人

知识技能

通过红外遥控器控制机器人进行不同的运动。

◎　前进功能：当遥控器上的"+"按钮被按下时，机器人向前运动。

◎　后退功能：当遥控器上的"−"按钮被按下时，机器人自动后退功能。

◎　暂停功能：当遥控器上的"暂停/播放"按钮被按下时，机器人自动停止。

◎ 左转功能：当遥控器上的"左三角"按钮被按下时，机器人左转运动。

◎ 右转功能：当遥控器上的"右三角"按钮被按下时，机器人右转运动。

◎ 风扇功能：当遥控器上的"开机按键"按钮被按下时，高速风扇被打开，当遥控器上的"绿色按钮"按钮被按下的，高速风扇关闭。

软件模块

模 块	分 类	解 析
读取红外遥控码 11▼	Arduino 模块	读取红外遥控器发射的编码，返回值为遥控指令，若遥控器没有按钮被按下时，接收器信号为 0，当有按钮被按下时发送的信号大于 0
设置 风扇 2▼ 为开	Arduino 模块	设置风扇开启还是关闭，也可以用 设置数字口 2▼ 输出 高 电平 代替
设置电机 M1 方向为 正转 速度为 120	Arduino 模块	设置电机的转速及转向，第一个参数表示端口连接有 M1、M2、M3、M4 四种，第二个参数表示选择电机转向，第三个参数表示转速(0～255，数值越大，转速越快)

17.1　知 识 准 备

本章制作红外遥控机器人，需要在机器人上安装高速风扇模块和无线接收模块。查阅相关灭火机器人的资料，了解灭火机器人的原理和应用方向。

17.1.1　认识硬件

在本章的学习中，将使用的硬件主要有 Arduino 主板模块、高速风扇模块、红外遥控器模块、USB 数据线等。在本书选配的学习套包中拿出这些模块一起认识一下吧！图 17-2 所示为使用的模块实景照片。

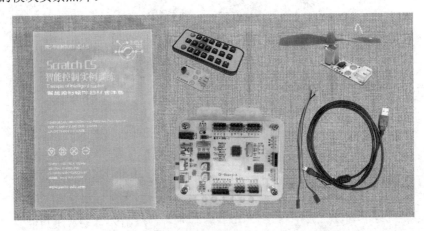

图 17-2　即将使用的模块

17.1.2　软件功能模块学习

红外遥控器的编码获取命令

该模块在第 13 章已经学习过，可以通过该模块获取红外遥控器发射的键值，不同的按键对应不同的键值。获取红外传感器键值的方法如图 17-3 所示。

图 17-3　获取红外遥控器键值程序

通过获取红外遥控器键值程序，可以获取红外遥控器的键值表，如表 17-1 所示。

表 17-1　键值表

遥控器字符	键　值	遥控器字符	键　值	遥控器字符	键　值
开机按键	69	MENU	70	关闭声音	71
MODE	68	+键	64	返回	67
左 2 个三角	7	暂停键	21	右 2 个三角	9
0	22	−键	25	OK	13
1	12	2	24	3	94
4	8	5	28	6	90
7	66	8	82	9	74

17.2　创意搭建

现在使用创意搭建套包中的搭建模块，一起设计搭建一个灭火机器人吧。图 17-4 所示为搭建方案示意。

17.2.1　搭建前的准备

搭建开始之前先准备材料，准备的材料有 1 辆智能车，2 根 3P 导线，1 对红外遥控器和接收器，1 个高速风扇，4050、4060 铆钉若干，1 个铆钉起及各种类型的拼接板，如图 17-5 所示。

图 17-4　搭建示意图

图 17-5　搭建材料示意图

17.2.2　搭建步骤图示

1. 创意搭建过程

取出 2 个"直角支架 1-1"、1 个"连杆 2-A"、2 个"直角支架 3-3"、若干个"铆钉 4060"和"铆钉 4050"，按图 17-6 所示进行连接。

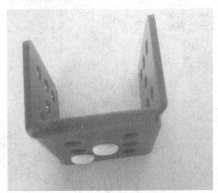

图 17-6　支架与连杆的连接示意

2. 控制板与传感器的连接

将高速风扇模块与"数字口 10"相连，红外遥控器的接收模块与"数字口 11"相连，并将高速风扇模块与红外遥控器的接收模块固定在小车支架上，如图 17-7 所示。

图 17-7　线路连接示意

17.3　开启编程之旅

一切准备就绪，现在起航，开始编程之旅吧！

"红外遥控灭火机器人"作品最终实现的目标是能够用红外遥控器控制机器人做前进、后退、左转、右转、停止运动，还能够控制机器人的高速风扇模块进行灭火。要实现这一目的，我们在编程的时候通常需要分三个步骤。

(1)　软硬件连接。

(2)　编写程序。

(3)　连接调试。

17.3.1　软硬件连接

软硬件连接的具体操作步骤如下。

(1)　将准备好的控制主板与 USB 数据线连接好，将 USB 数据线的另一端口连接到电脑的 USB 端口上，确保控制板上的电源是打开的。

(2)　在 Scratch CS 工作界面中，在"连接"菜单中选择 COM6 命令，确保软件和硬件能正常通信，如图 17-8 所示。

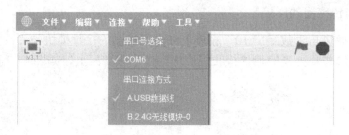

图 17-8　控制板与电脑的连接

（3）执行"连接"→"固件上传"命令，此时在软件中设置的所有程序会自动上传到控制主板中并执行，如图 17-9 所示。

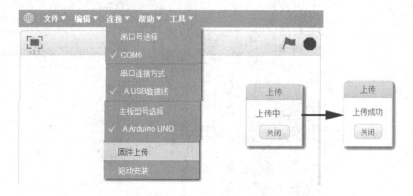

图 17-9　执行"固件上传"命令

17.3.2　编写程序

接下来进行程序的编写，首先需要实现机器人的前进、后退、左转、右转、停止运动，然后添加红外遥控命令，通过红外控制器控制机器人运动，然后实现用红外遥控器控制风扇的开启与关闭，最后实现机器人的脱机下载功能。

1. 机器人的前进、后退、左转、右转、暂停运动的程序实现

为了更好地控制机器人不同形式的运动，用键盘按键来控制机器人的运动。按空格键时机器人停止运动，按左移键机器人向左转 90°，按右移键，机器人向右转 90°，按上移键，机器人前进，按下移键，机器人后退。按键控制示意如图 17-10 所示。

图 17-10　按键控制示意

(1) 将"事件"选项中的 命令模块拖曳到脚本区,将"Arduino 模块"中的电动机控制命令模块 拖曳到按键检测下,然后复制该命令并修改电动机端口和电动机速度,具体操作如图 17-11 所示。

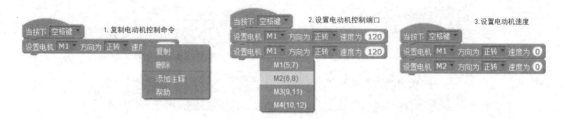

图 17-11　空格键控制电动机停止

(2) 要实现按左移键时机器人向左转 90°,可以设置电动机的速度为 120,那么右电动动机 M2 正转,左电动机 M1 反转,参考程序如图 17-12 所示。

(3) 根据步骤(2),编写按右移键时机器人向右偏转程序,如图 17-13 所示。

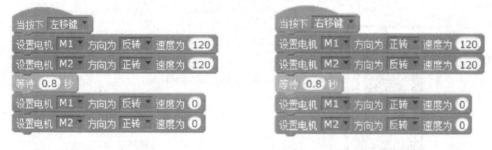

图 17-12　机器人左转 90° 程序　　　**图 17-13　机器人右转 90° 程序**

(4) 实现上移键被按下时机器人向前运动,下移键被按下时机器人后退,参考程序如图 17-14 所示。图 17-15 所示为不同运动的程序设定。

提示:当按计算机键盘上的不同按键时,观察机器人的运动状态是否与设定的运动状态相同。如果状态不相符,查看电动机连接线是否安装正确,并检查程序是否编写正确。

2. 用红外遥控器控制机器人做不同运动

将计算机按键控制切换为红外遥控器控制,对应的控制按键如图 17-16 所示,在控制之前需要获取红外遥控器的不同按键的键值,通过前面的表 17-1 获取不同按键的键值。

(1) 将"事件"中的 模块、"控制"中的"重复执行"模块拖曳到脚本区,如图 17-17 所示。

图 17-14　机器人的前进、后退运动

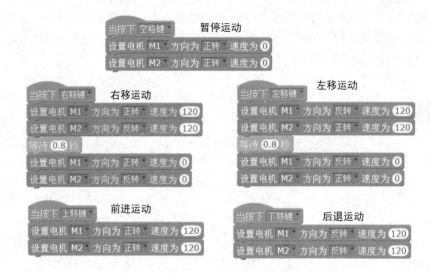

图 17-15　控制机器人的不同运动

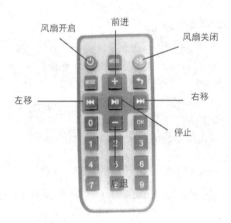

图 17-16　按键控制功能显示图

图 17-17　程序的基本命令

(2) 在"数据"选项中新建变量名为 hongwai，将 `将 hongwai 设定为 0` 模块拖曳到"重复执行"模块内，然后选择"Arduino 模块"中的 `读取红外遥控码 11` 命令，将模块拖曳到 `将 hongwai 设定为 0` 内，如图 17-18 所示。

(3) 当+按钮被按下时，机器人实现向前运动。因为+按钮的键值为 64，根据条件编写程序，如图 17-19 所示。

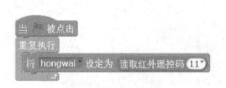

图 17-18　获取红外遥控的键值

图 17-19　控制机器人前进程序

(4) 当-按钮被按下时，机器人实现后退运动。而-按钮的键值为 25，那么编写程序如图 17-20 所示。

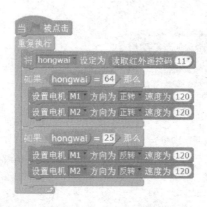

图 17-20　添加机器人后退命令

(5) 根据第(3)步和第(4)步的操作，实现机器人的左转、右转、停止运动，参考程序如图 17-21 所示。

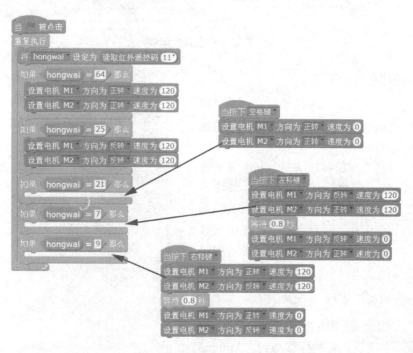

图 17-21　遥控机器人运动

提示：运行程序，按遥控器的左移和右移按键时，机器人有时会转动两次 90° 角，这是为什么呢？这是因为按下按键的时间太长了，以至于偏转程序执行次数大于 1 次，所以需要缩短按下按键的时间。我们也可以将左转偏转 90° 的程序改成不限制度数，那么机器人就可以任意角度偏转了，偏转角度需要通过暂停按键来控制，参考程序如图 17-22 所示。

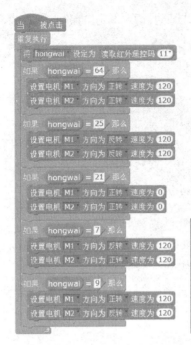

将90°偏转控制移除

图 17-22　任意角度偏转

3. 添加高速风扇的控制

按"红色"按钮时，高速风扇打开，按"绿色"按钮时，高速风扇关闭，两个按钮对应的键值分别为 69 与 71。

(1) 当"红色"按钮被按下时，高速风扇开启，采用"Arduino 模块"中的 设置 LED灯 2° 为 开 命令，单击"LED 灯"选项的倒三角，在下拉列表中选择"风扇"选项，因为风扇模块连接在数字口 D10 上，将数据端口设置为 10，参考程序如图 17-23 所示。

4. 机器人的脱机运行

将程序中的 当 被点击 模块替换成"Arduino 模块"中的 Arduino程序 模块，将鼠标移动到"Arduino程序"上，右击并选择"上传到 arduino"命令。当显示上传成功后，就可以遥控机器人了。

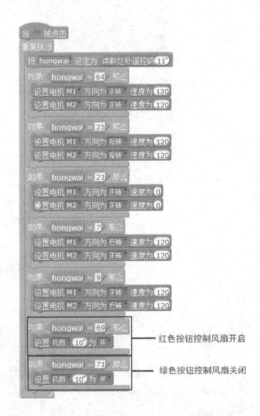

红色按钮控制风扇开启

绿色按钮控制风扇关闭

图 17-23　添加风扇的开启与关闭功能

17.4　知　识　拓　展

红外遥控高速风扇变速

红外遥控器的"开机"按钮按下时风扇以最快的速度开始转动；按"绿色"按钮时关闭风扇；按 2 键和 8 键调控风扇的挡位。这里设置三个挡位，一挡风扇以 120 的速度转动，二挡以 180 的速度转动，三挡以 255 的速度转动。当增加到最大挡位后将停留在最大挡位，当减小到最小挡位后，风扇将停止，如图 17-24 所示。

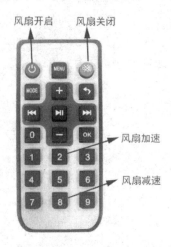

图 17-24　遥控器按键功能示意

任务分析：实现这个功能需要引入两个变量 button 和 num，button 变量用于保存红外遥控的键值，num 变量用于记录高速风扇模块的挡位，num 的取值与挡位对照如表 17-2 所示。

表 17-2　num 的取值与挡位

num 的取值	挡　位
0	空挡
1	一挡
2	二挡
3	三挡

(1)　获取红外遥控器的信号值，在"数据"选项中新建变量名为 hongwai 和 button，当没有按钮被按下时，变量 hongwai 的值为 0；当有按钮被按下时，变量 hongwai 的值大于 0。当 hongwai 大于 0 时，将 hongwai 的值赋给第二个变量 button。具体操作如图 17-25 所示。

(2)　当按 2 键或 8 键时，变量 num 会增加 1 或减少 1，为了保证变量的值为 0~3，需要对变量进行限制，如图 17-26 所示。

(3)　当"开机"按钮按下时，风扇以最快的速度转动，那么相当于 num =3，同理"绿色"按钮被按下相当于 num = 0，根据条件编写程序，如图 17-27 所示。

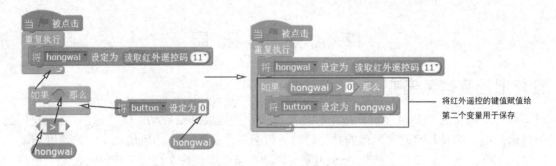

图 17-25　获取红外遥控器的键值

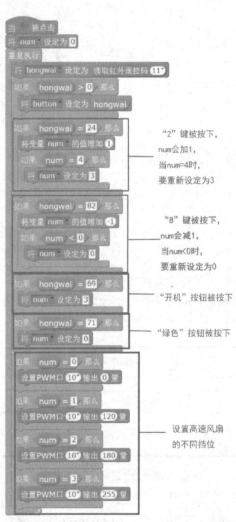

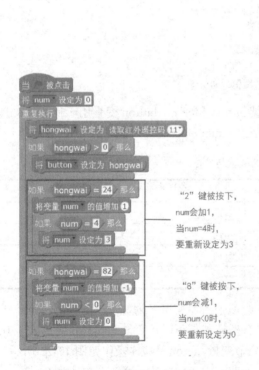

图 17-26　风扇的换挡程序　　　　　　　　图 17-27　参考程序

第 18 章　导盲机器人

本章主要学习如何设计制作一个导盲机器人，通过这个案例的学习，了解灰度传感器的原理，学习如何能够编程获取灰度传感器的值，从而能够实现机器人的巡线功能。本章将介绍两种巡线方式，既能使机器人沿着圆形的黑线运动，也能使机器人在复杂的黑线上运动。

本章主要包括以下内容。

◎　灰度传感器原理。

◎　通过灰度传感器获取物体的灰度值。

◎　双路巡线的原理。

情景故事

导盲机器人是为视觉障碍者提供导航帮助的一种服务机器人，它利用多种传感器对周围的环境进行探测，将探测的信息进行处理后提供给驱动装置和视障者，以帮助使用者有效地避开障碍。本章我们就一起来设计制作导盲机器人。图 18-1 所示为导盲机器人工作示意图。

图 18-1　导盲机器人

知识技能

使机器人能够沿着黑线的轨迹运动。

◎　基本循迹法：使机器人能够沿着圆形的黑线运动。

◎　高级循迹法：使机器人能够在复杂的黑线上运动。

软件模块

模　块	分　类	解　析
读取 灰度 传感器（模拟） A 0	Arduino 模块	这个模块可用来检测不同的颜色。获取的信号范围为 0～1024，颜色越深，数值越小。该模块用于模拟传感器，模拟端口选择为 A0～A5
设置电机 M1 方向为 正转 速度为 120	Arduino 模块	设置电机的转速及转向，第一个参数表示端口连接有 M1、M2、M3、M4 四种；第二个参数表示选择电机转向；第三个参数表示转速(0～255，数值越大，转速越快)
设置电机 M1 方向为 正转 速度为 120 设置电机 M2 方向为 正转 速度为 30	Arduino 模块	两个电机的速度偏差为 90，左电机速度 M1 大于 M2，所以机器人实现前进向右偏转
设置电机 M1 方向为 正转 速度为 30 设置电机 M2 方向为 正转 速度为 120	Arduino 模块	两个电机的速度偏差为 90，右电机速度 M2 大于 M1，所以机器人实现前进向左偏转
设置电机 M1 方向为 正转 速度为 120 设置电机 M2 方向为 后转 速度为 120	Arduino 模块	两个电机的速度偏差为 240，左电机速度 M1 正转，右电机 M2 反转，所以机器人实现前进向右转大弯
设置电机 M1 方向为 后转 速度为 120 设置电机 M2 方向为 正转 速度为 120	Arduino 模块	两个电机的速度偏差为 240，右电机速度 M2 正转，左电机 M1 反转，所以机器人实现前进向左转大弯

18.1　知　识　准　备

为保证任务的顺利进行，我们需要准备机器人巡线的轨迹图，如果没有轨迹图纸可以用黑色胶带代替。还需要准备硬件灰度传感器，了解并准备好它们是顺利使用硬件的保证。

18.1.1　认识硬件

在本章的学习中，我们将使用的硬件主要有 Arduino 主板模块、灰度传感器、导线、USB 数据线等。在本书选配的学习套包中拿出这些模块一起认识一下吧！图 18-2 所示为使用的模块实景照片。

灰度传感器是模拟传感器，如图 18-3 所示，主要用于检测物体的颜色，不同的颜色会有不同的输出信号。而本章主要实现机器人巡线功能，每一个传感器上包含红外发射 LED 和红外感应晶体管，机器人利用传感器的信号在白底背景上沿黑色的线前进，而灰度传感器的输出信号范围为 0～1023，颜色越深，数值越小。

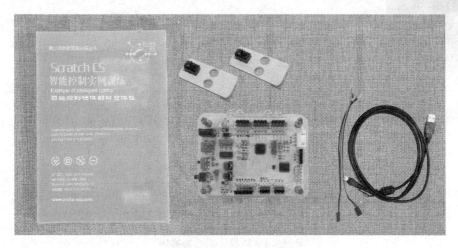

图 18-2 即将使用的模块

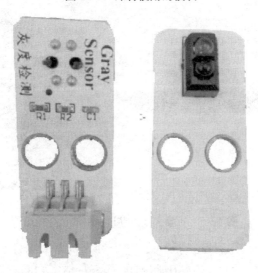

图 18-3 灰度传感器

18.1.2 软件功能模块学习

在桌面上双击 图标，开启 Scratch CS 软件。本章涉及的主要命令功能模块如下。

巡线传感器模块

巡线传感器模块能够检测不同的背景颜色，不同的颜色会有不同的数据回传到控制器，我们将使用两个灰度传感器来实现机器人的巡线运动。图 18-4 所示为巡线轨迹图。

任务分析：线是黑色的，周围是白色的。当灰度传感器遇到白色区域，输出的灰度值大约在 800 以上，遇到黑线，输出的灰度值在 550 以下，所以我们就根据两个灰度传感器的值来判断哪一侧的传感器遇到了黑线，哪一侧的传感器没有遇到黑线。图 18-5 所示为机器人在运动过程中的状态。

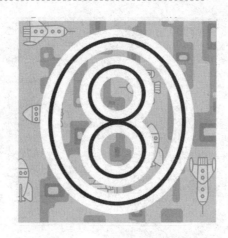

图 18-4　机器人巡线轨迹图

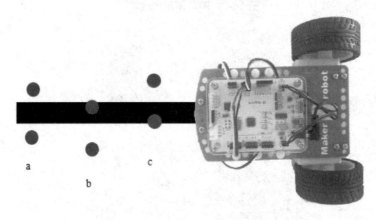

图 18-5　机器人在运动过程中的状态捕捉

机器人在黑线上运动有三种运动状态：第一种为机器人刚好在黑线中间，向前运动(a 状态)；第二种情况为机器人向左偏转(b 状态)；第三种情况为向右偏转(c 状态)。

试一试：根据机器人的运动情况回答下面的几个问题。

(1) 机器人沿黑线直走，此时左右两个灰度传感器能检测到黑线吗？

(2) 机器人向左偏时，左右两个灰度传感器的输出数值分别是什么？机器人应该怎样运动才能继续走直线？

(3) 机器人向右偏时，左右两个灰度传感器的输出数值分别是什么？机器人应该怎样运动才能继续走直线？

结论：

(1) 机器人直走，两个巡线传感器都没有检测到黑线。

(2) 右侧灰度传感器输出值小于 500，左侧灰度传感器输出值大于 800，小车应该向右偏。

(3) 右侧灰度传感器输出值大于 800，左侧灰度传感器输出值小于 500，小车应该向左偏。

18.2 开启编程之旅

一切准备就绪,现在起航,开始我们的编程之旅吧!

"导盲机器人"作品最终实现的目标是使机器人沿着黑线运动,而不偏离跑道。要实现这一目的,我们在编程的时候通常需要分三个步骤。

(1) 软硬件连接。

(2) 编写程序。

(3) 连接调试。

18.2.1 软硬件连接

软硬件连接的具体操作步骤如下。

(1) 将准备好的控制主板与其电源线连接好,将电源线的另一端 USB 端口连接到电脑的 USB 端口上,打开 USB 的电源。

(2) 在 Scratch CS 工作界面中,执行"连接"→COM*命令,*表示电脑 USB 端口的序号,插入不同的 USB 端口,这个*显示的数字不同,根据电脑显示进行选择。本例中*的取值为 6,即 COM6。

(3) 执行"连接"→"固件上传"命令,此时我们在软件中设置的所有程序都会自动上传到控制主板中并执行。

(4) 将左右两侧的灰度传感器分别连接到控制主板的 A0 和 A1 模拟端口上,并且将灰度传感器安装到机器人上,具体安装方式如图 18-6 所示。

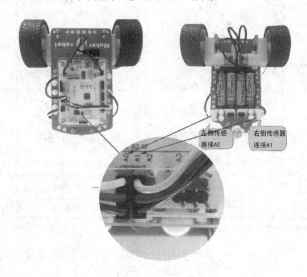

图 18-6 灰度传感器安装示意图

18.2.2 编写程序

接下来进行程序的编写,我们需要获取两个灰度传感器的值让机器人巡线运动。

获取灰度传感器的值

左侧的灰度传感器连接在 A0 端口，右侧的灰度传感器连接在 A1 端口，分别获取两个灰度传感器在轨道上的灰度值，具体操作步骤如下。

(1) 将"事件"中的 当 被点击 模块、"控制"中的"重复执行"模块拖曳到脚本区，如图 18-7 所示。

(2) 在"数据"选项中新建变量名为 huidu 和 huidu2，分别将灰度检测模块 读取 灰度 传感器（模拟）A 0 和 读取 灰度 传感器（模拟）A 1 传递给变量 huidu 和 huidu2，参考程序如图 18-8 所示。

图 18-7　程序的基本命令　　　　　　　图 18-8　获取两个灰度传感器的值

> 提示：单击小绿旗标志，将机器人分别放置在黑线的中间、左侧和右侧的位置，分别记录左右两侧灰度传感器的值，机器人放置的位置和灰度传感器显示的数值如表 18-1 所示。

表 18-1　机器人的放置位置和灰度传感器显示数值对照表

放置位置			
灰度传感器显示	huidu 947 huidu2 927 机器人在黑线中间	huidu 417 huidu2 756 机器人向右偏	huidu 981 huidu2 405 机器人向左偏
回到中间位置时电机运动状态	设置电机 M1 方向为 正转 速度为 120 设置电机 M2 方向为 正转 速度为 120	设置电机 M1 方向为 正转 速度为 30 设置电机 M2 方向为 正转 速度为 120	设置电机 M1 方向为 正转 速度为 1 设置电机 M2 方向为 正转 速度为 1

(3) 当机器人向右偏转时，为了回到中间位置，机器人应该反方向运动，具体操作步骤如图 18-9 所示。

(4) 当机器人向左偏转时，右侧灰度传感器遇到黑线，机器人应该向右侧运动，具体操作步骤如图 18-10 所示。

将小绿旗 被点击 切换成 Arduino 程序，进行脱机下载。下载成功后，将机器人移动到圆形黑线区域，观察机器人的运动情况，如图 18-11 所示。

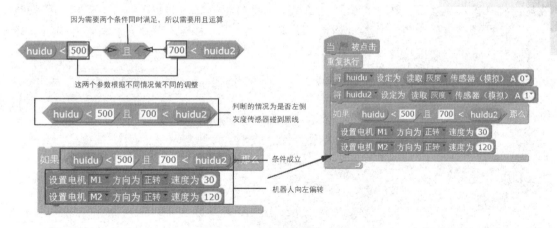

图 18-9　机器人向左偏转程序

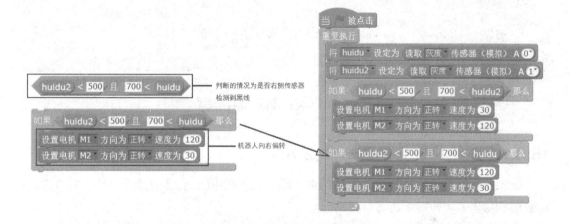

图 18-10　机器人的右偏转程序

图 18-11　机器人巡线轨迹图

> **注意：** 将机器人放置在黑线上，如果存在机器人经常偏离轨道的情况，那么可以调整巡线传感器对比的数值，将参数调大或者调小。为了让机器人巡线更平稳，可以将巡线参数差值调小，然后再观察机器人的运动状态，参考程序如图 18-12 所示。

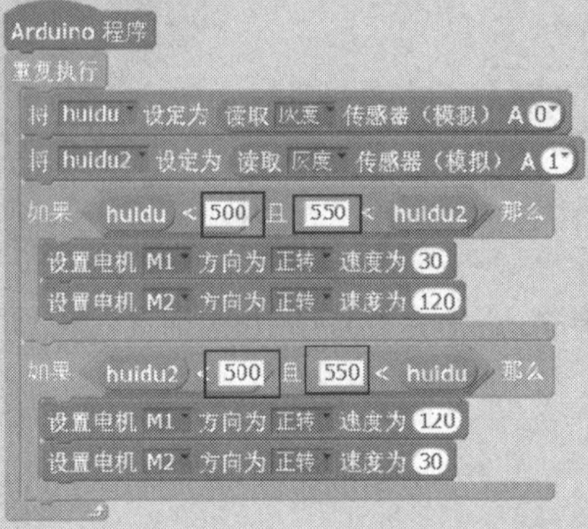

图 18-12　选线程序

18.3　知 识 拓 展

18.3.1　巡线机器人的高级用法分析

机器人可以沿着黑线前进，但是当将机器人放置在中间 8 字的黑线上时，机器人就不能够正常运动了。如何解决这个问题呢？

机器人在走 90°路口时，运动过程是怎样的呢？图 18-13 所示为 90°路口示意图。

机器人在运动过程中，存在偏离轨道的情况，为了能够再次回到轨道上，需要给机器人设置一个标志位，用来标记是哪一个灰度传感器最后偏移出黑线的，判断出哪一个灰度传感器最后偏移出黑线后，那么就让机器人向该方向偏移，并且偏转角度要大，才能更快地回到轨道上。

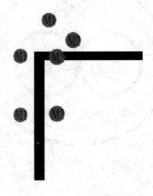

图 18-13　90°路口示意图

18.3.2　高级巡线法程序的编写

要实现机器人的高级巡线法，需要引入变量，用于记录最后偏离出轨道的灰度传感器。

(1) 将两个"如果"条件，换成两个"如果……那么……"命令，具体操作步骤如图 18-14 所示。

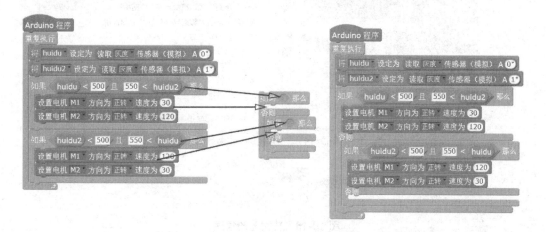

图 18-14　切换为"如果……那么……"命令

在"数据"选项中新建变量"flag"，将 [将 flag 设定为 0] 模块分别拖曳到条件判断中，将变量分别设定为 1 和 2，具体操作如图 18-15 所示。

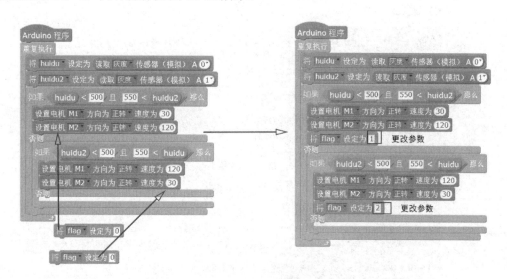

图 18-15　设定变量

如果机器人已经偏离黑线，并且 flag = 1，那么可以推断机器人在黑线的右侧，需要向左侧转大弯。将"控制"选项中的 模块、"数字和逻辑运算"选项中的 模块、"数据"选项中的 flag 模块拖曳到脚本区，参考程序如图 18-16 所示。

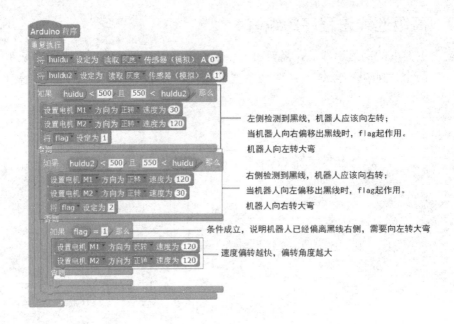

左侧检测到黑线，机器人应该向左转；
当机器人向右偏移出黑线时，flag起作用。
机器人向左转大弯

右侧检测到黑线，机器人应该向右转；
当机器人向左偏移出黑线时，flag起作用。
机器人向右转大弯

条件成立，说明机器人已经偏离黑线右侧，需要向左转大弯

速度偏转越快，偏转角度越大

图 18-16　转大弯的程序

（2）如果机器人偏离黑线，且 flag = 2，那么可以推断出机器人在黑线的左侧，需要向右侧转大弯，参考程序如图 18-17 所示。

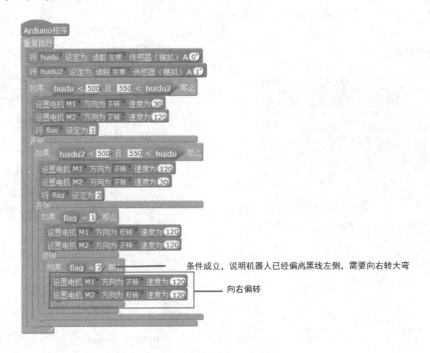

条件成立，说明机器人已经偏离黑线左侧，需要向右转大弯

向右偏转

图 18-17　高级巡线程序

参 考 文 献

[1]　陈芸丽. 轻松玩转 Scratch 编程[M]. 北京：清华大学出版社，2017.

[2]　吴俊杰，梁森山. Scratch 测控传感器的研发与创意应用[M]. 北京：清华大学出版社，2014.

[3]　王丽君. 用 Scratch 与 mBlock 玩转 mbot 智能机器人[M]. 北京：人民邮电出版社，2017.

[4]　何余东. 智能百变 Arduino 课程(创客教育)[M]. 北京：清华大学出版社，2017.

[5]　王波. 创客进行时——用 Arduino 去创造[M]. 北京：科学出版社，2017.

[6]　谢作如. 创客三级跳[M]. 北京：人民邮电出版社，2017.